十三五高等院校
艺术设计规划教材

景观植物设计

第2版
附微课视频

+ 徐敏 主编

+ 陈涵子 副主编

人 民 邮 电 出 版 社

北 京

图书在版编目（CIP）数据

景观植物设计：附微课视频 / 徐敏主编. -- 2版
. -- 北京：人民邮电出版社，2019.9
（现代创意新思维）
十三五高等院校艺术设计规划教材
ISBN 978-7-115-50400-5

Ⅰ. ①景… Ⅱ. ①徐… Ⅲ. ①园林植物－景观设计－
高等学校－教材 Ⅳ. ①TU986.2

中国版本图书馆CIP数据核字(2018)第284766号

内 容 提 要

    本书系统地介绍了常用景观植物的类型和植物设计的基本理论与实践方法，全书分为理论篇和项目篇，共 6 个学习单元。理论篇讲解了景观植物的相关概念、分类、作用，景观植物设计发展趋势，景观植物的表达方法，介绍了 277 种常见的景观植物及植物的种植设计形式；项目篇选取 3 个主流设计项目——道路绿地植物设计、别墅庭院植物设计、城市居住区景观植物设计，依据景观设计行业对植物种植设计师的知识、能力、素质的要求安排项目设计与实施。本书在配套的二维码中，加入了植物种植设计图片、常用景观植物图片及植物设计的案例。

    本书既可以作为环境艺术相关课程的教材，又可以作为相关人员的参考资料。

◆ 主　　编　徐　敏

  副 主 编　陈涵子

  责任编辑　桑　珊

  责任印制　马振武

◆ 人民邮电出版社出版发行　　北京市丰台区成寿寺路 11 号

  邮编　100164　　电子邮件　315@ptpress.com.cn

  网址　http://www.ptpress.com.cn

  固安县铭成印刷有限公司印刷

◆ 开本：787×1092　1/16

  印张：10.5　　　　　　　　　2019 年 9 月第 2 版

  字数：267 千字　　　　　　　2024 年 9 月河北第 12 次印刷

定价：59.80 元

读者服务热线：(010)81055256　印装质量热线：(010)81055316
反盗版热线：(010)81055315

广告经营许可证：京东市监广登字20170147号

景观植物设计是现代景观设计的主体之一，涵盖道路、花坛、庭院、居住区等植物设计。景观植物已成为生态环境可持续发展，人与自然和谐共生的绿色内驱力，是建设绿色中国、生态城市、美丽乡村的基础和根本。本书以住房和城乡建设部关于国家标准《园林绿化工程项目规范》为指导思想，对接国家绿化产业发展新需要，牢记为党育人、为国育才的使命，以建构主义理论为基础，以项目为依托，以项目过程为导向，以"实用为主、够用为度"为编写原则，培养学生树立正确的绿色发展理念，熟识常用景观植物、苗木市场行情，掌握植物设计图的制图技术及规范，运用电脑辅助设计软件绘制出具有中国特色、中国文化、中国品牌、世界水平的景观植物设计图纸，为学生职业发展、终身学习和服务社会奠定基础。

本书精选最实用的知识和方法、最典型的工作项目，紧密结合市场需求。在写作形式上注重实践环节，项目设置由易到难，体现分层次教学，以典型项目为例，重点讲设计方法、设计思路。本书的特点如下。

（1）在教材编写内容上，贯穿"树德、明规、强技"的校企共培理念。在培养学生学习植物设计基本技能的基础上，还要深入思考如何在中国传统文化、绿色生态发展等中汲取有益的养料，引导学生树立正确的人生观、价值观和世界观，培养高尚的品德和健全的人格，领会中国优秀传统文化的要义，成为符合新时代要求的时代新人，树立学生正确的道德观念。并且按照企业规范要求，培养学生规范绘制庭院设计图纸的能力。

（2）通过建设丰富的开放式教学资源，提高学生自主学习和发展的能力。本书配套运用二维码技术，读者通过手机扫描二维码，即可实现图片浏览，轻松掌握常见植物种类、设计案例等。课前，学生借助二维码完成课前预习；课中，教师和学生通过扫描二维码完成课堂互动教学。课后，学生通过扫描二维码进一步巩固课堂上的知识点和技能点。本书详细列出了课时安排，便于授课教师在使用本书时参考。另外，本书还配有教学PPT、教学大纲、课程标准、教案等授课资源，教师可登录人邮教育社区（www.ryjiaoyu.com）免费下载使用。

（3）每个学习单元配有思维导图。读者借助思维导图能够轻松快速地掌握每个学习单元的知识点、技能点，并能系统地梳理知识。

本书借鉴了很多专家、学者的研究成果，在编写过程中也得到了同事和朋友们的大力支持，在此深表感谢。本书由江苏经贸职业技术学院艺术设计学院徐敏任主编，同济大学风景园林学博士生陈涵子任副主编。陈涵子参与编写学习单元3，书中的案例和实训由南京市金浦景观规划设计研究院、江苏筑原建筑设计有限公司提供。

由于编者学识与经验有限，书中疏漏之处在所难免，期望各位专家、同行及广大读者批评指教。

编者

2019年7月

课时安排					
	学习单元	节	内容	建议学时	
理论篇	1 绪论	1	景观植物设计的相关概念	5	0.5
		2	景观植物的分类		3
		3	景观植物的作用		0.5
		4	景观植物设计的发展趋势		0.5
		5	景观植物的表达方法		0.5
	2 景观植物	1	树木类	10	4
		2	花卉类		4
		3	观赏草坪类		1
		4	室内观赏植物类		1
	3 各类植物的 种植设计	1	乔灌木的种植设计	5	1.5
		2	花卉的种植设计		2.5
		3	地被与草坪的种植设计		0.5
		4	藤本植物的种植设计		0.5
项目篇	4 道路绿地 植物设计	1	道路绿地相关概念	12	1
		2	道路绿地设计		2
		3	道路绿地设计项目实施		8
		4	总结和拓展案例		1
	5 别墅庭院 植物设计	1	别墅庭院概述	12	1
		2	不同风格的别墅庭院植物设计		2
		3	别墅庭院植物设计项目实施		8
		4	总结和拓展案例		1
	6 城市居住区 景观植物设计	1	居住区绿地类型和绿化指标	12	0.5
		2	居住区景观植物设计		2
		3	居住区植物景观群落推荐		0.5
		4	居住区公共绿地项目实施		8
		5	总结和拓展案例		1
总课时				56	

目录 CONTENTS

理论篇

项目篇 ·······

4 学习单元
道路绿地植物设计

5 学习单元
别墅庭院植物设计

6 学习单元
城市居住区景观植物设计

理论篇

　　本篇共设置3个学习单元。其中，学习单元1讲解景观植物的相关概念、分类、作用，景观植物设计发展趋势，景观植物的表达方法，并拓展讲解植物苗木的相关概念和应用。学习单元2主要讲解常用的景观植物，包括树木类、花卉类、观赏草坪类、室内观赏植物类等。树木类植物介绍每种树木的科属、辨识要点、习性、植物搭配等；花卉类植物介绍每种花卉的高度、花色、花期及应用；观赏草坪类植物介绍每种草坪的习性及应用；室内观赏植物类介绍室内观花植物科属、花期、花色、花语和室内观叶植物的科属及主要特征。在二维码中有相对应的本单元景观植物图片，并包含了其他景观植物图片。学习单元3讲解景观植物的种植设计形式，主要包括乔灌木的种植设计、花卉的种植设计、地被与草坪的种植设计、藤本植物的种植设计。本篇是进行景观植物设计的基础。

绪论

❶ 掌握景观植物的相关概念、分类、作用
❷ 了解景观植物设计的发展趋势
❸ 掌握景观植物的表达方法

学习内容

理论内容：景观植物的相关概念、分类、作用以及景观植物设计的发展趋势。

实践内容：利用信息技术资源进行景观植物相关资料的收集、汇总。

学习单元 1

学习单元1思维导图

1 景观植物设计的相关概念

地球上的植物大约三十万种，近十分之一生长在中国，中国是植物天堂。景观植物是经过人们选择，适应于城市绿地（公园绿地、单位附属绿地、防护绿地、生产绿地和其他绿地）栽植的植物。它不仅具有观赏作用，还起着卫生防护、改善生态等作用。景观植物包括木本植物和草本植物。

景观植物设计的相关概念和分类

▲ 木本植物：樱花

▲ 草本植物：虞美人

景观植物设计是根据场地自身条件特征及对场地的功能要求，利用植物（乔木、灌木、藤本及草本植物）不同的色彩、质感、形态及香味来组合搭配，充分发挥植物本身形体、线条、色彩等自然美，创造具有空间变化、色彩变化、韵味变化等观赏性强的植物空间，使人所到之处都能观赏到一幅幅美丽动人的植物画面。

▲ 加拿大布查特花园景观

▲ 英国皇家植物园邱园

2 景观植物的分类

对植物进行分类，主要便于对植物进行识别和应用。分类的方法很多，除了按植物进化系统将植物进行分类之外，还可按其他标准，如按植物的生长类型、生态习性、观赏特性等进行分类。

（一）根据植物的生长类型分类

根据植物的生长类型，可将植物分为草本植物和木本植物。其中木本植物主要包括乔木类、灌木类、藤本类、竹类、匍地类；草本植物主要包括一二年生花

一草一木皆风景，一花一树皆有情——植物的生长类型分类

卉、多年生花卉（宿根花卉和球根花卉）、草坪及地被植物。

1 木本植物(woody plant)

木本植物是指多年生的、茎部木质化的植物，是景观植物绿化的骨干树种。

（1）乔木（arbor）

一般来说，乔木体形高大，主干明显，分枝点高，寿命比较长，如二球悬铃木、榉树、银杏、香樟、桂花等。根据体形高矮的不同，乔木常分为大乔木（20m以上）、中乔木（8~20m）和小乔木（8m以下）。按其冬季是否落叶可将乔木分为常绿乔木和落叶乔木两类。叶形宽大者，称为阔叶常绿乔木和阔叶落叶乔木；叶片纤细如针或呈鳞形者称为针叶常绿乔木和针叶落叶乔木。

（2）灌木（shrub）

灌木是指没有明显的主干、呈丛生状态，或自基部分枝的木本植物，如海桐、连翘、金叶女贞、火棘等。按其冬季是否落叶可分为常绿灌木、落叶灌木两类，依其体形高矮分为大灌木（2m以上）、中灌木（1~2m）和小灌木（1m以下）。

▲ 乔木：二球悬铃木　　　　　　　　　　▲ 灌木：火棘

（3）藤本（vine）

藤本是指茎部细长，不能直立，只能依附于其他物体，缠绕或攀援向上生长的植物，如常春藤、紫藤、爬山虎、葡萄等。按其冬季是否落叶可分为常绿、落叶两类。

（4）竹类（bamboo）

竹类是植物中的特殊分支，它在景观绿化中的地位，以及在造园中的作用，非树木所能取代。根据其地下茎的生长特性，竹有丛生竹、散生竹、混生竹之分。常见栽培的有佛肚竹、凤尾竹、孝顺竹、茶杆竹、紫竹、刚竹等。

▲ 藤本：葡萄　　　　　　　　　　　　　▲ 竹类：紫竹

（5）**匍地类**（creeping plant）

性状似藤本，但不能攀援，植物的干枝伏地而生，或者先卧地后斜升，如铺地柏、迎春等。

2 草本植物

（1）**一二年生花卉**（annual and biennial flower）

一年内完成一个生活周期，称为一年生花卉，一般春天播种，夏秋开花、结实，后枯死；在两年内完成一个生活周期，称为二年生花卉，一般秋天播种，幼苗越冬，翌年春夏开花、结实，后枯死，如鸡冠花、凤仙花、羽衣甘蓝、三色堇、金盏菊等。

（2）**多年生花卉**

多年生花卉个体寿命超过两年。其地下部分经过休眠，能重新生长、开花和结果。根据地下形态的不同，分为宿根花卉和球根花卉。

❶ 宿根花卉（perennial flower）。

宿根花卉的植株在冬季地上部分枯死，地下部分可以宿存于土壤中越冬，翌年春天地上部分又可萌发生长、开花结籽，为多年生草本花卉，如菊花、芍药、荷包牡丹、萱草、玉簪等。

❷ 球根花卉(bulb flower)。

球根花卉是根部呈球状，或者具有膨大地下茎的多年生草本花卉。球根花卉根据其形态的不同又分为球茎类、鳞茎类、块茎类、根茎类、块根类。

（3）**草坪与地被植物**

从广义的概念上讲，草坪也属于地被植物的范畴。但按照习惯，草坪被单独列为一类。

▲ 匍地类：铺地柏

▲ 一年生花卉：鸡冠花　　▲ 二年生花卉：雏菊

▲ 宿根花卉：鸢尾　　▲ 宿根花卉：花叶玉簪

▲ 球根花卉：郁金香

❶ 草坪（lawn，turf grass）。

草坪是指由人工建植或人工养护管理，起绿化、美化作用的草地。根据其对温度的要求不同又可分为两种类型。

a. 冷季型草坪（冬绿型草坪）。冷季型草坪的主要特征是耐寒冷，喜湿润冷凉气候，抗热性差，春秋季生长旺盛，夏季生长缓慢，呈半休眠状态，如匍茎剪股颖、草地早熟禾、小羊胡子草等。

b. 暖季型草坪（夏绿型草坪）。暖季型草坪的主要特征是喜温暖、空气湿润的气候，耐寒能力差，早春开始返青，入夏后生长旺盛，进入晚秋，一经霜打，茎叶枯萎退绿，如结缕草、马尼拉、野牛草等。

❷ 地被植物（cover plant）。

地被植物是指覆盖在大面积裸露地上的低矮植物，其中包括草本、低矮匍匐灌木和蔓性藤本植物。在其定义中，"低矮"是一个模糊的概念。因此，又有学者将地被植物的高度标准定为1m；并认为，有些植物在自然生长条件下植株高度超过1m，但是通过修剪或因生长缓慢的特点，将高度控制在1m以下，也视为地被植物。按生态型它可分为以下3类。

a. 木本地被植物。木本地被植物包括矮生灌木类、攀缘藤本类及矮竹类。矮生灌木类枝叶茂密，丛生性强，观赏效果好，如铺地柏、金叶女贞、八仙花、棣棠等。攀缘藤本类具有攀缘习性，主要用于垂直绿化，覆盖墙面、假山、岩石等，如爬山虎、扶芳藤、凌霄、蔷薇等。矮竹类中有些茎秆低矮、耐阴，是极好的地被植物，如菲白竹、箬竹、鹅毛竹等。

b. 草本地被植物。草本地被植物的应用最为广泛。一二年生地被植物繁殖容易，自播能力强，如金盏菊、紫茉莉、雏菊等。球根、宿根地被植物有鸢尾、麦冬、吉祥草、玉簪、萱草、葱兰等。

▲ 木本地被：八仙花　　　　　　　　　▲ 草本地被：大吴风草

c. 蕨类地被植物。蕨类植物常附地生长，如贯众、铁线莲、凤尾蕨等，是景观植物设计的好材料。

（二）根据植物的生态习性分类

植物生长环境中的温度、水分、光照、土壤等因子对植物的生长发育具有重要的生态作用。某种植物长期生长在某种环境里，受到环境条件的特定影响，就形成了对某些生态因子的特定影响，这就是其生态习性，体现着植物和自然的和谐共生。

1 温度因子

根据植物对温度的要求与适应范围，可将其分为以下4类。

❶ 热带植物，如椰子、棕榈、散尾葵、南洋杉、鸡蛋花等。

❷ 亚热带植物，如马尾松、樟树、油茶等。

❸ 温带植物，如刺柏、丁香、龙柏、枣等。

❹ 寒带植物，如冷杉、白桦等。

2 水分因子

根据植物对水分的适应性，可将其分为以下4类。

❶ 旱生植物：旱生植物能够长期生长在雨量稀少的干旱地带，具有极强的耐旱能力。这类植物可营造沙漠植物园、高山植物园、岩石园等主题的旱生植物景观，如仙人掌科植物、景天科植物、铺地柏、欧石楠、柽柳、沙拐枣、夹竹桃、卷柏等。

❷ 中生植物：中生植物不能忍受过分干旱和水湿的条件，大多数植物属于中生植物。但其中又有耐旱和耐湿植物之分，耐旱性强的有油松、侧柏、白皮松、黑松、合欢等，耐湿性强的有枫杨、苦楝、凌霄等。有的植物既耐旱又耐湿，如垂柳、旱柳、桑树、榔榆、紫穗槐、乌桕等。

❸ 湿生植物：湿生植物需要生长在水池或小溪边沿这样潮湿的环境中，如落羽杉、池杉、千屈菜、水稻。

❹ 水生植物：水生植物需要生长在水中。其中，在浅水中生长的水生植物可分为挺水植物（植物体大部分露在水面上，如荷花、香蒲）、浮水植物（叶片漂浮在水面，如睡莲、王莲）、沉水植物（植物体完全沉没在水中，如金鱼藻）3类。

3 光照因子

根据植物对光照强度的适应性，可将其分为以下3类。

❶ 阳性植物：要求较强的光照，不耐阴。一般需光度为全日照的70%以上，在自然植物群落中，常为上层乔木。阳性植物枫香作为南湖特色植物，树干挺拔，象征永恒的红船精神。

❷ 阴性植物：在较弱的光照条件下比在强光下生长良好。一般需光度为全日照的5%~20%，不能忍受过强的光照，尤其是一些树种的幼苗，需在一定的荫蔽条件下才能生长良好。在自然植物群落中处于中下层或生长在潮湿背阴处。

❸ 耐阴植物：在全光照下生长最好，但也能忍受适度荫蔽或在生长期间有一段时间需要适度遮荫的植物。

另外，植物的需光类型可以根据植物形态加以推断：树冠呈伞形的为阳性植物；树冠为圆锥形并且枝条紧密的为耐阴植物；树干下部侧枝较早脱落的为阳性植物；下枝不易脱落的为耐阴植物；常绿针叶植物中叶片为针状的多为阳性植物；常绿植物中叶片扁平或者呈鳞片状且表面和背面区分明显的为耐阴植物。常绿阔叶植物多为耐阴植物，落叶植物多为阳性植物。

4 土壤因子

（1）根据酸碱度分类

根据植物对土壤酸碱度的要求，可分为以下3类。

❶ 喜酸性植物（pH＜6.5）；❷ 喜碱性植物（pH＞7.5）；❸ 中性土植物（pH介于6.5~7.5）。

（2）根据盐碱度分类

根据植物对盐碱度的要求，可分为以下4类。

❶ 喜盐植物；❷ 抗盐植物；❸ 耐盐植物；❹ 碱土植物。

（三）根据植物的观赏特性分类

1 形木类

形木类植物以观赏植物的形态为主。自然生长状态下，植物外形的常见类型有圆柱形、尖塔形、圆锥形、伞形、圆球形、半圆形、卵形、扁球形、卵圆形、垂枝形、龙枝形、风致形、棕榈形、悬崖形、匍匐形、丛生形、球形、半球形等（见表1.1）。

圆柱形　　尖塔形　　圆锥形　　伞形　　圆球形　　半圆形

卵形　　扁球形　　卵圆形　　垂枝形　　龙枝形　　风致形

棕榈形　　悬崖形　　匍匐形　　丛生形　　球形　　半球形

▲ 树木的各种形态

表1.1		植物的外观形态	
序号	类型	代表植物	特征
1	圆柱形	钻天杨、加拿大杨、杜松、塔柏、西府海棠	高耸、庄严、视线向上
2	尖塔形	油杉、冷杉、雪松、南洋杉、水杉、池杉、湿地松、杉木、北美香柏	庄重、肃穆
3	圆锥形	圆柏、落羽杉、金钱松、柳杉、柏木、马尾松、华山松、日本五针松、日本冷杉、广玉兰、深山含笑、鹅掌楸、毛白杨	庄重、肃穆
4	伞形	合欢、黑松、白皮松、榉树、楝树、重阳木、臭椿、香椿	水平延展
5	圆球形	矮紫杉、石楠、枇杷、杜英、杨梅、槐树、黄栌、白榆、杜仲、栾树、乌桕	柔软

续表

序号	类型	代表植物	特征
6	半圆形	柿树、金缕梅	柔软
7	卵形	银杏、罗汉松、白玉兰、七叶树、无患子、枫香	柔软
8	扁球形	板栗、榆叶梅、朴树	水平延展
9	卵圆形	毛白杨、香樟、悬铃木、桂花、冬青、山茶	柔软
10	垂枝形	垂柳、笑靥花、垂枝梅	视线向下、柔软
11	龙枝形	龙爪槐、龙枝梅	视线向下、扭曲
12	风致形	油松（老年）	自然
13	棕榈形	棕榈、椰子、散尾葵	热带风光
14	悬崖型	悬崖菊、迎春、云南黄馨	柔软
15	匍匐形	铺地柏、地锦、沙地柏、鹿角柏	地面伸展、平静
16	丛生形	连翘、金钟、孝顺竹、紫荆	自然
17	球形（灌木、修剪）	海桐、仙人掌类、瓜子黄杨、黄杨、红叶石楠、罗汉松、杞骨、红千层、栀子、红花继木	规整
18	半球形	洒金桃叶珊瑚	规整

2 叶木类

叶木类植物以观赏植物叶形、叶色、大小为主，植物的叶形分类如表1.2所示，叶色分类如表1.3所示。

彩叶姑娘

表1.2　植物的叶形分类

叶形		植物
单叶	针形叶	油松、雪松、柳杉
	条形叶	冷杉、罗汉松
	披针形	柳树、夹竹桃
	卵形	女贞、香樟
	掌状类	枫香、悬铃木、鸡爪槭、八角金盘
	圆形	黄栌、紫荆、泡桐
	三角形	乌桕、钻天杨
	奇异性	鹅掌楸、羊蹄甲、银杏
复叶	羽状复叶	刺槐、合欢、南天竹、楝树、龙爪槐、香椿
	掌状复叶	七叶树

表1.3　植物的叶色分类

叶色		植物
绿色叶	浓绿色	油松、圆柏、雪松、云杉、侧柏、山茶、女贞、桂花、槐树、毛白杨、构树
	浅绿色	水杉、落羽杉、金钱松、七叶树、鹅掌楸、玉兰
春色叶	红色	红叶石楠、杜英、臭椿、五角枫
	紫红色	山麻杆、黄连木
秋色叶	红色	鸡爪槭、五角枫、枫香、地锦、五叶地锦、小檗、柿、黄栌、南天竹、乌桕
	黄色	银杏、白蜡、鹅掌楸、加拿大杨、栓皮栎、悬铃木、水杉、金钱松
常色叶	红色	红枫
	紫色	紫叶李、紫叶小檗、紫叶酢浆草、紫叶桃
	金黄色	金叶鸡爪槭、金叶雪松、金叶圆柏
	斑点条纹	桃叶珊瑚、金边黄杨、变叶木
双色叶		银白杨、胡颓子、栓皮栎

3 花木类

花木类植物以观赏花形、花色和闻花香为主，如月季、日本樱花、垂丝海棠、杜鹃。植物花色、花期分类如表1.4所示。

表1.4　植物的花色、花期分类

花期	花色	代表植物
春季	白色	白玉兰、广玉兰、深山含笑、白鹃梅、珍珠绣线菊、梨、白丁香、珍珠梅、流苏树、石楠、火棘、荚迷、鸡麻、日本樱花、樱桃、紫叶李、厚朴、梅花、柑橘、杏、李、含笑、笑靥花
	红色	榆叶梅、紫叶桃、海棠、垂丝海棠、西府海棠、日本晚樱、杜鹃、山茶、芍药、锦带花、瑞香、铁梗海棠、红花檵木、月季
	黄色	黄玉兰、棣棠、迎春、金钟、连翘、结香、蒲公英、洋水仙
	紫色	紫玉兰、紫荆、紫丁香、映山红、紫藤、紫花泡桐、楝树、睡莲
	蓝色	风信子、鸢尾、矢车菊、婆婆纳
夏季	白色	山楂、茉莉、七叶树、木绣球、天目琼花、太平花、木槿、刺槐、凤尾兰、南天竹、白花夹竹桃
	红色	合欢、紫薇、石榴、月季、凤仙花、荷花
	黄色	鹅掌楸、栾树、金丝桃、金雀儿、决明、黄槐、鸡蛋花、卫矛、锦鸡儿、万寿菊
	紫色	木槿、紫薇、藿香蓟、牵牛花
	蓝色	三色堇、飞燕草、八仙花、耧斗菜、马蔺

续表

花期	花色	代表植物
秋季	白色	糯米条、胡颓子、八角金盘、白花石蒜、葱兰、凤尾兰
	红色	紫薇、木芙蓉、大丽花、扶桑、羊蹄甲、月季、红花石蒜、油茶
	黄色	桂花、栾树、金合欢、黄花夹竹桃、菊花
	紫色	木槿、紫薇、九重葛
	蓝色	风铃草
冬季	白色	白梅、枇杷、茶梅、鹅掌柴、水仙
	红色	一品红、红梅
	黄色	蜡梅、炮仗花

4 果木类

果木类植物以观赏果实的大小、形状、色彩为主，如南天竹、枇杷、柿子等。植物的果色分类如表1.5所示。

表1.5 植物的果色分类

果色	植物
红色	桃叶珊瑚、小檗、山楂、冬青、枸杞、火棘、樱桃、枸骨、金银木、南天竹、珊瑚树、罗汉松、石榴、柿树
黄色	枇杷、梅、李、柑橘、南蛇藤、梨、木瓜、铁梗海棠、柚
蓝紫色	紫珠、葡萄、十大功劳、桂花
黑色	女贞、常春藤、金银花
白色	乌桕

5 干枝类

干枝类植物以观赏植物干枝的色彩为主，如白桦、白皮松、红瑞木等。植物的干枝颜色分类如表1.6所示。

表1.6 植物的干枝颜色分类

干枝	植物
暗紫色	紫竹
黄色	金竹、黄桦
红色	山麻杆
红褐色	马尾松、杉木
绿色	青桐
灰白色	白皮松、白桦、毛白杨、悬铃木
斑驳色彩	黄金间碧玉竹、碧玉间黄金竹、木瓜
灰褐色	大部分树种

6 根木类

根木类植物以观赏植物的板根、气生根为主，如榕树等。

3 景观植物的作用

（一）保护和改善环境作用

1 净化空气

景观植物的作用

植物在光照条件下吸收二氧化碳、释放氧气，从而维持空气中二氧化碳和氧气的平衡。有的植物还可以吸收有害气体（如二氧化硫、酸雾、氯气、氟化氢、苯、酚），如夹竹桃、广玉兰、龙柏、罗汉松、银杏等植物吸收二氧化碳的能力较强。绿色植物（如朴树、重阳木、臭椿、悬铃木、女贞、泡桐、白榆等）的表面对空气中的小尘埃有很好的黏附作用，沾满灰尘的植物经过雨水冲刷可恢复吸滞灰尘的能力。绿色植物（如樟树、松树、白榆、侧柏等）能分泌挥发性的植物杀菌素，杀死空气中的细菌。

2 改善小气候

树木有浓密的树冠，可有效降低空气温度。据测定，有树阴的地方比没有树阴的地方一般要低3℃~5℃。林木通过其枝叶的微振作用能减弱噪声，据南京环境保护办公室测定：噪声通过由两行圆柏及一行雪松构成的18米宽的林带后减少16分贝。植物能够吸收污水中的硫化物、氨、悬浮物等，可以减少污水中的细菌含量，起到净化污水的作用。另外，有的植物体内含有酶的催化剂，具有解毒能力，有机污染物进入植物体内，可被酶改变而减轻毒性。另外，植物对保持水土、防灾减灾也有显著的功能。

▲ 开敞空间：德国瓦伦公园中的体育运动场

（二）景观美化作用

1 构筑空间

景观植物和建筑、山石、水体一样，具有构成空间、分隔空间、引起空间变化等作用。一般来说，景观植物构成的空间可以分为以下几类。

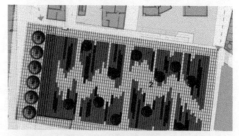

▲ BGU大学入口广场平面图

（1）开敞空间

开敞空间是指在一定区域范围内人的视线高于四周景观的植物空间。开敞空间是外向型的，私密性较小，如大面积的草坪、低矮的模纹花坛。以色列BGU大学入口广场是为年轻人、学生提供聚会的场所，所以在设计上最好的方法是强调空间的开放性，注重空间环境的易交流性，在有限的空间多分配绿色的空间。

广场看上去像混凝土路面的绿色地毯。植物、灯光、石凳和树木错综交错。

长条的绿色植被由草坪和季节植物组成。

→ 季节性花卉
→ 草坪
→ 混凝土路面
→ 石凳

▲ BGU大学入口广场

（2）半开敞空间

半开敞空间是指在一定区域范围内，周围并不完全开敞，而是部分视线被植物遮挡起来的空间。

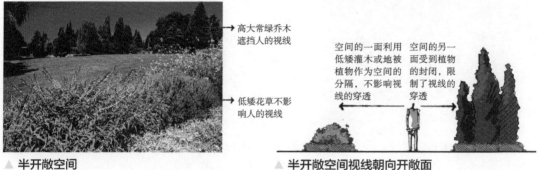

高大常绿乔木遮挡人的视线

低矮花草不影响人的视线

空间的一面利用低矮灌木或地被植物作为空间的分隔，不影响视线的穿透

空间的另一面受到植物的封闭，限制了视线的穿透

▲ 半开敞空间   ▲ 半开敞空间视线朝向开敞面

（3）封闭空间

封闭空间是指人停留的区域范围内，四周由植物材料封闭，容易产生领域感、安全感、私密感的空间。

学生在此休息，四周被狼尾草围绕，形成相对安静、私密的封闭空间

空间四周被中小型植物所封闭，限制视线的穿透

▲ 封闭的休息绿地空间   ▲ 封闭空间

（4）垂直空间

垂直空间是指用分枝点低、树冠紧凑的中小乔木的树列、修剪整齐的高绿篱形成的封闭垂直面及开敞顶平面。

修剪整齐的圆柱式高绿篱形成封闭垂直面

封闭垂直面，开敞顶平面的垂直空间

▲ 修剪整齐的圆柱式高绿篱   ▲ 垂直空间

（5）覆盖空间

覆盖空间位于树冠下与地面之间，是通过植物树干分枝点的高低层次和浓密的树冠来形成

空间感。

▲ 浓密树冠形成覆盖空间 　　　　　▲ 处于地面和树冠之间的覆盖空间

（6）动态空间

动态空间是指植物随着时间的推移和季节的变化，自身经历了生理变化过程，形成了叶容、花貌、色彩、芳香、枝干、姿态等一系列色彩、气味和形象上的变化。

▲ 水杉林四季动态变化

2 障景

植物材料，如直立的屏障，能控制人们的视线，将所需的美景收于眼里，而将其他景物障于视线以外。障景的效果依景观的要求而定，若使用不通透植物，能完全屏障视线通过，而使用枝叶较疏透的植物，则能达到漏景的效果。

▲ 障景作用

3 体现文化意境

中国历史悠久，文化灿烂。很多古代诗词及民族习俗中都留下了赋予植物人格化的优美篇章。在设计中，可以借助植物抒发情怀，寓情于景、情景交融。例如，传统的松、竹、梅配植形式，谓之"岁寒三友"，象征着坚贞、气节和理想，代表着高尚的品

营造园林植物景观，传承红色革命精神

质；红豆表示相思、恋念；橄榄树象征和平等。在红色园林景观中，常常种植具有象征意义的植物。桂花香气四溢，喻示烈士们的丰功伟绩流芳百世。

常用景观植物的寓意

4 装饰山水、景观小品

景观植物配置于堆山叠石之间，能表现出地势起伏的自然韵味；配置于水岸，能形成倒影或遮蔽水源；柔软的植物材料可以用来软化生硬的建筑形体，可采用基础栽植、墙角种植、墙壁绿化等形式。

▲ 利用大乔木软化景墙

▲ 建筑墙基绿化

5 表现时序景观

景观植物姿态各异，四季色彩因此而多变。春季繁花似锦，夏季绿树成荫，秋季硕果累累，冬季白雪挂枝，真正体现了"时移景异"的景象。例如，杭州西湖的"曲院风荷"，每当夏日荷风扑面时，清香满园。

▲ 杭州西湖曲院风荷

（三）经济作用

许多景观植物不仅具有很高的观赏价值，而且也是良好的经济树种。例如，桃、梅、李、杏、苹果、梨、山楂、枇杷、柑橘、杨梅等果树观赏价值很高，其果实也美味可口；松属、胡桃属、山茶属等树种的果实和种子富含油脂，为木本油料；茉莉、含笑、白玉兰、桂花等芳香植物，富含芳香油，可提炼精油；很多花木的不同器官可以入药，如银杏、牡丹、十大功劳、五味子、木兰、枇杷、刺楸、杜仲、接骨木、金银花等均为药用花木。此外，不少景观植物还可以提供淀粉、纤维、橡胶、树脂、饲料、木材等经济副产品。

（四）社会作用
1 提供休憩空间

在居住区、广场、公园、医院等处建设的绿地，可以成为人们休息、交流、活动、疗养的场所，如美国达拉斯城市公园空旷的草地为市民提供了室外瑜伽健身场所。

国山会广场草坪

▲ 美国达拉斯城市公园

2 调节人体生理机能

优美的绿化景观可以为人们提供新鲜的空气和明朗的视野，可以有效组织病菌的滋生并调节人体神经。有医院研究证明，绿化环境有利于患有神经衰弱、高血压、心脏病等疾病患者的健康。

3 改善城市面貌和社会环境

植物景观能够带给人们美的享受，改善居民的生活环境，也体现了一个城市的面貌和精神文明程度，为城市经济发展提供巨大的潜力和竞争力。

4 景观植物设计的发展趋势

（一）绿色生态景观

植物景观除了能够给人们带来美的享受之外，还能产生生态效应。在景观植物建设中，首先要考虑到保护自然植被，其次开发以地带性植被为核心的多样性植物群落，合理选用乡土树种以及野花野草。上海辰山植物园在植物种植设计上从生态植物多样性的角度出发，对不同区域的绿化空间进行了经济合理、自然美观、符合生态规律的设计布置，并展示了建立生态恢复和生态重点植物品种收集的应用典范。

（二）注重景观功能

植物的应用要结合场地景观的功能要求。位于美国加利福尼亚州的"九曲花街"的风景绝对是当地的一大特色。这一路段原是一个大下坡，为了防止交通事故，特意添加了花坛设计。车行至此，只能盘旋而下，时速不得超过5英里，这段街道因此有"世界上最弯曲的街道"之称。波士顿的绿道公园充分考虑到行人的遮荫纳凉要求，在座椅处的边缘种植了高大乔木。

▲ 美国加利福尼亚州的"九曲花街"   ▲ 波士顿码头地区绿道公园大树遮荫纳凉

（三）开辟全方位绿化空间

随着城市建筑物和硬质铺地不断增加，绿地受到越来越多的限制。因此，景观植物建设就有必要从水平方向向垂直方向发展，努力发展屋顶绿化、墙体绿化，全方位开辟绿化空间。

▲ 屋顶绿化

▲ 墙体绿化

5 景观植物的表达方法

景观植物是现代景观中的重要构成要素。在设计图中，要根据植物的不同特征，用不同的植物图例来表示不同的景观植物。

（一）各类型植物平面图

景观植物的平面图是指景观植物的水平投影图，一般都采用图例概括表示，其方法为，用圆圈表示树冠的形状和大小，用黑点表示树干的位置及树干粗糙。由于树木种类繁多，仅用一种圆圈表示不能清楚地表现出设计意图，因此根据树种的类型、形状及姿态特征，用不同的树冠曲线加以区别。需要注意的是，在设计绘制过程中，要表示树木的圆圈直径，即表示实际树木的冠径。

景观植物的表达方法

植物平面图例

1 乔木平面图表示方法

（1）轮廓型

只用线条勾勒出轮廓，线条流畅。这种画法比较简单，多用于草图设计。

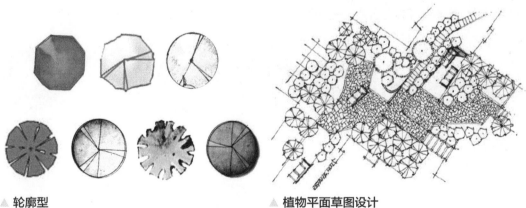

▲ 轮廓型　　　　　　　　　　　　　▲ 植物平面草图设计

（2）分枝型

在树木的轮廓基础上，用线条表示树枝和实干的分叉。如果是针叶乔木，轮廓常带有针刺状。

▲ 分枝型

（3）枝叶型

用线条表示树枝，局部点缀树叶。这种表示方法一般用于落叶乔木的平面绘制。为了增强树木的立体效果，常在背光地面增加树木的阴影。

▲ 枝叶型

（4）质感叶型

用点、小圆圈或者曲线等符号表示丰满的树冠和树叶，或者在简单轮廓内绘制平行斜线，这种表示方法一般用于常绿乔木的平面绘制。

▲ 质感叶型

2 灌木平面图表示方法

单株灌木的画法与乔木相同。在实际设计中，灌木常以绿篱的方式出现，因此需要用另外的图例来表示。自然式绿篱平面多为不规则形状，修剪过的绿篱平面多为规则的或平

滑的形状。

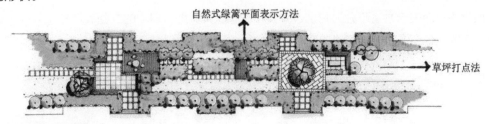

▲ **绿篱平面表示方法1**

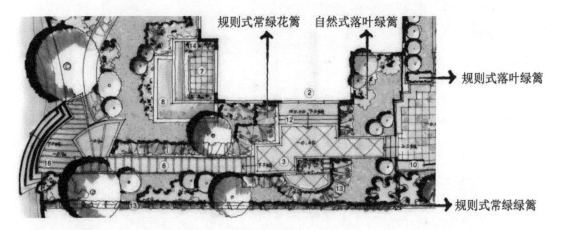

▲ **绿篱平面表示方法2**

3 草坪及地被平面图表示方法

（1）草坪平面图表示方法

❶ 打点法：用打点法画草坪时，要做到疏密有致。草地的边缘、树冠边缘、建筑边缘、景观小品边缘、路缘要画得紧密些，然后逐渐画稀疏。

❷ 小短线法：用小短线排列成行，每行之间的间距相近，排列整齐。

❸ 线段排列法：线段排列整齐，行间有断断续续的重叠，也可稍许留些空白。

❹ 斜线排列法：在表示有地形变化的草坪平面图中，通常要结合等高线，在每段等高线间用斜线整齐排列来标示草坪。

（2）地被平面图表示方法

在该平面图中，多采用轮廓勾勒和质感表现的形式，以地被栽植的范围为依据，用不规则细线勾勒出地被的范围轮廓。

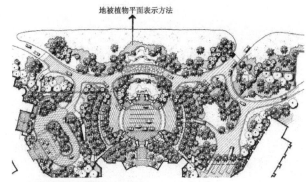

▲ **地被植物平面表示方法**

（二）植物立面表示

植物的立面表示方法可分为轮廓、分枝和质感三大类型。树木的立面表现形式有写实的，也有图案化的或稍加变形的。

植物立面图例

远处落叶乔木立面表示方法

近处乔木立面表示方法

远处常绿灌木立面表示方法

近处落叶花灌木立面表示方法

▲ 植物立面表示方法1

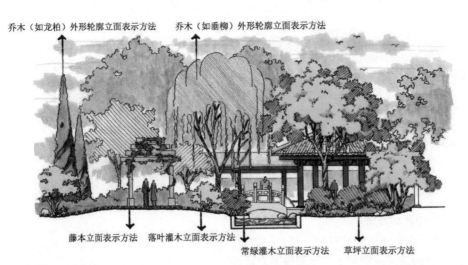

乔木（如龙柏）外形轮廓立面表示方法　　乔木（如垂柳）外形轮廓立面表示方法

藤本立面表示方法　　落叶灌木立面表示方法　　常绿灌木立面表示方法　　草坪立面表示方法

▲ 植物立面表示方法2

提示：植物平立面图例素材在网盘下载。

1 植物苗木的相关术语

术语是各门学科的专门用语，有严格的规定。苗木是具有根系和苗干的树苗。凡在苗圃中培育的树苗不论年龄大小，在未出圃之前都称苗木。苗木的等级是决定其价格的主要因素，而苗木的等级又是根据其自身的规格来确定的。

（1）直生苗

直生苗又称实生苗，是用种子播种繁殖培育而成的苗木。

（2）嫁接苗

嫁接苗是用嫁接方法培育而成的苗木。

植物设计师　　植物苗木的相关
养成记　　　　知识

（3）独本苗

独本苗是从地面到冠丛只有一个主干的苗木。

（4）散本苗

散本苗是根茎以上分生出数个主干的苗木。

（5）丛生苗

丛生苗是根茎以下分生出数个主干的苗木。

（6）萌芽数

萌芽数是有分蘖能力的苗木，自地下部分（根茎以下）萌生出的芽枝数量。

（7）分叉数

分叉数又称分枝数，分叉数是具有分蘖能力的苗木，自地下萌生出的干枝数量。

（8）苗木高度

苗木高度以"H"表示，是苗木自地面至最高生长点之间的垂直距离。

（9）冠径

冠径又称蓬径，以"P"表示，是苗木冠丛的最大幅度和最小幅度之间的平均直径。

（10）胸径

胸径以"Φ"表示，是苗木自地面至1.30米处树干的直径。

（11）地径

地径以"D"表示，是苗木自地面至0.30米处树干的直径。

（12）泥球直径

泥球直径又称球径，是苗木移植时，根部所带泥球的直径。

（13）泥球厚度

泥球厚度又称泥球高度，以"H"表示，是苗木移植时所带泥球底部至泥球表面的高度。

（14）苗龄

苗龄通常以"1年生""2年生"等来表示，指苗木繁殖、培育的年数。苗龄用阿拉伯数字表示，第1个数字表示播种苗或营养繁殖苗在原地的年龄；第2个数字表示第一次移植后培育的年数；第3个数字表示第二次移植后培育的年数，数字间用短横线间隔，各数字之和为苗木的年龄，称几年生。例如：1-0表示1年生播种苗，未经移植；2-0表示2年生播种苗，未经移植；2-2表示4年生移植苗，移植一次，移植后继续培育两年；2-2-2表示6年生移植苗，移植两次，每次移植后各培育两年；0.2-0.8表示1年生移植苗，移植一次，十分之二年生长周期移植后培育十分之八年生长周期。

（15）重瓣花

重瓣花是指通过园林植物栽培，选育出雄蕊瓣化而成的重瓣优良品种。

（16）长度

长度又称茎长，以"L"表示，是攀缘植物主茎从根部至梢头之间的长度。

（17）紧密度

紧密度是球形植物冠丛的稀密程度，通常为球形植物的质量指标。

（18）平方米

平方米通常以"m²"表示，是植物种植面积计量单位。

2 植物苗木的应用

在实际苗木交易过程中，以上规格术语常用相应的符号来表示。高度（株高、灌高、裸干高）常用"H"表示，比如"H200-220"一般表示苗木高度为200~220cm；胸径常用"Φ"表示，比如"Φ5-6"一般表示苗木胸径为5~6cm；冠幅（冠径、蓬径）常用"P"（也有用"W"）表示，比如"P80-100"一般表示苗木冠幅为80~100cm；地径一般用"D"表示，比如"D10-12"一般表示苗木地径为10~12cm。

苗木通常分为乔木类、灌木类、棕榈及苏铁类、竹类和木质藤本等。苗木的规格指标往往有许多项，但规格的排列有先后次序，排在第一位是主要标准，其次均为辅助标准。确定苗木的实际规格，应先确定主要标准，再确定辅助标准。

乔木的规格可通过胸径、枝下高、株高、冠幅、分枝数、土球直径等来表示，其中市场上主要以"胸径"（Φ）来作为主要的规格标准，但是对于较小的苗木，特别是1年生苗木，往往用"地径"（D）和"株高"（H）的大小来确定其价格。

灌木的规格可通过灌高、蓬径、土球直径等来表示。目前市场上主要以"灌高"（H）来作为主要的规格标准，但球形的灌木苗木多以球的直径，也就是通常所说的"蓬径"（P）大小来确定其价格。

棕榈植物和苏铁类的规格可通过地径、株高、裸干高、冠幅、分枝数（或叶片数）、土球直径来表示。目前市场上棕榈、苏铁大树常以"裸干高"（H）为主要的规格标准，小苗则常以"地径"（D）和"株高"（H）作为主要规格。

竹类植物枝干挺拔修长，常以基径、每丛枝数、截干高度、土球直径来表示其规格。目前市场上常以"地径"（D）和"每丛枝数"作为主要规格标准。

木质藤本植物常以地径、主蔓长度、分枝数、土球直径来表示其规格。市场上常以"地径"（D）和"主蔓长度"（L）作为主要规格标准。

需要注意的是，虽然许多苗木种类都用"H"来表示其规格，但是"H"所代表的概念可能是有所不同的，比如乔木类用"H"表示的是"株高"，而棕榈类用"H"表示的

★★★ 学习总结 ★★★

重点 景观植物概念、景观绿地类型、根据植物生长类型分类、资料收集（植物图例、植物设计案例）、网站收集（景观论坛、景观博客等）、苗木的规格（H、P、Φ、D）。

难点 植物平面表达方式、植物立面表达方式、发展趋势、资料的汇总、苗木的术语、不同类型苗木规格指标、价格因素。

是"裸干高"。一般而言，决定乔木价格的因素通常为"胸径"，决定灌木价格的因素为"灌高"，决定球形苗木价格的因素为"冠径"，决定棕榈、苏铁价格的因素为"裸干高"，决定小苗价格的因素为"株高"或"地径"。

思考

❶ 景观植物的概念和功能。

❷ 怎样识别乔木、灌木和藤本植物？请举例说明。

❸ 中国传统古典园林的植物造景特点。

❹ 列举中国传统十大名花及其文化内涵。

❺ 景观植物设计的发展趋势。

实训练习

❶ 收集植物图例。

❷ 收集植物种植平面图和植物种植立面图。

❸ 临摹植物种植平面图和植物种植立面图。

景观植物

❶ 能够识别常见景观植物276种，其中，乔木89种、灌木56种、藤本19种、竹类10种、草本花卉60种、草坪10种、室内观赏植物32种。

❷ 掌握植物的辨识要点、体形、最佳观赏花期、果期、习性。

❸ 掌握植物的搭配方式。

❹ 能够区分相似植物。

景观植物

学习内容

理论内容： 常绿针叶树种、落叶针叶树种、常绿阔叶树种、落叶阔叶树种、常绿灌木树种、落叶灌木树种、常绿藤本、落叶藤本、竹类、一二年生花卉、多年生宿根花卉、球根花卉、水生花卉、暖季型草坪、冷季型草坪、室内观叶植物、室内观花植物。

实践内容： 学校植物调查与辨识、植物园植物调查与辨识。

学习单元 2

学习单元2思维导图

1 树木类（图片资料在网盘下载）

（一）乔木

1 常绿针叶树

（1）黑松（松科／松属）

- 辨识要点：树冠如伞盖，树皮灰白色，叶2针一束，长6~15cm。
- 习性：喜光，耐寒冷，不耐水涝。
- 植物搭配：孤植（网师园：竹外一枝轩）；丛植；群植；黑松—棣棠+杜鹃。

常绿针叶树

（2）马尾松（松科／松属）

- 辨识要点：壮年期树冠为狭圆锥形，树皮红褐色，呈不规则裂片。叶2针一束，罕3针一束，长12~20 cm。
- 习性：喜光，亚热带的乡土树种，忌水湿，不耐阴，植树造林的先锋树种。
- 植物搭配：丛植；群植；马尾松—红枫；马尾松—刚竹—蜡梅；马尾松—鸡爪槭—毛白杜鹃；马尾松+栓皮栎+麻栎—山茶+垂丝海棠+棣棠—红花酢浆草；马尾松+枫香+杜英+合欢—桂花+鸡爪槭+红枫+山茶—迎春+含笑+杜鹃—黄菖蒲。

景观植物的四大家族

（3）湿地松（松科／松属）

- 辨识要点：树冠窄塔形，树皮紫褐色，鳞片状脱落，针叶2针、3针一束并存，长18~30cm。
- 习性：喜光，耐低洼水湿。
- 植物搭配：湿地松—柳杉+水杉—池杉—玉簪+落新妇+石菖蒲。

（4）雪松（松科／雪松属）

- 辨识要点：树冠尖塔形，树皮深灰色，不规则块状裂，雌雄异株。
- 习性：喜光，抗寒性较强，忌积水。
- 植物搭配：孤植；对植；列植；丛植；群植；雪松—虎耳草+沿阶草；雪松+悬铃木—紫叶李+火棘+棕榈—海桐球+紫藤—阔叶麦冬；雪松+龙柏+红枫—大叶黄杨球+锦绣杜鹃—雏菊+沿阶草。

  注 世界四大公园树种—雪松、金松、金钱松、南洋杉。

（5）华山松（松科／松属）

- 辨识要点：树冠广圆锥形，幼树树皮灰绿色，平滑。大枝开展，轮生现象明显，叶5针一束，长8~15cm。
- 习性：喜光，耐寒，不耐炎热。
- 植物搭配：行道树；丛植；群植。

（6）白皮松（松科／松属）

- 辨识要点：树冠宽塔形至伞形，树皮淡灰绿色或粉白，树皮不规则鳞片剥落，叶3针一束，长5~10cm。
- 习性：喜光，耐低温。
- 植物搭配：孤植；对植；列植；行道树；白皮松—蜡梅—南天竹；国槐+白皮松—

花石榴+金叶女贞+太平花 — 崂峪苔草；垂柳 — 白皮松+西府海棠 — 腊梅+丁香+平枝
枸子 — 崂峪苔草；银杏+合欢+白皮松+栾树 — 金银木+天目琼花+忍冬 — 紫叶小檗+
金银花+金叶女贞。

注 五大"美人松" —— 白皮松、长白松、樟子松、赤松、欧洲赤松。

（7）罗汉松（罗汉松科／罗汉松属）

- 辨识要点：树冠广卵形，树皮灰色，鳞片状脱落。叶螺旋状排列，条状披针形，叶有中脉。种子被肉质假种皮所包，初为深红色，后变为紫色。
- 习性：耐阴，耐修剪，耐寒性较弱。
- 植物搭配：孤植；丛植；群植；绿篱；绿墙；盆景；罗汉松+太湖石；罗汉松 — 山桃+红枫+海棠+紫荆 — 茶花 — 射干+葱兰；罗汉松 — 瓜子黄杨球 — 花叶扶芳藤 +麦冬+葱兰。

（8）日本五针松（松科／松属）

- 辨识要点：树冠圆锥形，叶5针一束，长3.5~5.5cm。
- 习性：喜光树种，忌阴湿，不耐湿，耐修剪，易整形。
- 植物搭配：日本五针松+太湖石；日本五针松 — 月季 — 麦冬+葱兰；日本五针松+蜡梅+孝顺竹 — 南天竹。

（9）油松（松科／松属）

- 辨识要点：树冠在壮年期呈塔形或广卵形，老年期呈平顶状，树皮灰棕色，呈鳞片状开裂，裂缝红褐色，大枝开展或斜向上，叶2针一束，长10~15cm。
- 习性：喜光，耐旱，耐寒。
- 植物搭配：孤植；丛植；群植；行道树；油松+元宝枫+侧柏 — 杜鹃+金叶女贞。

（10）柳杉（杉科／柳杉属）

- 辨识要点：树冠圆锥形，树皮赤褐色，纤维状裂或长条片剥落。大枝斜展，小枝下垂，叶钻形，叶端内曲。根系较浅，抗风力差。
- 习性：喜光，稍耐荫，稍耐寒，对二氧化硫、氯气、氟化氢等有较好的抗性。
- 植物搭配：孤植；列植；丛植；树篱；柳杉+湿地松 — 池杉+水杉 — 千屈菜+黄菖蒲。
- 相似树种：日本柳杉。

（11）杉木（杉科／杉木属）

- 辨识要点：树冠幼年期为尖塔形，大树为广圆锥形，主干端直。树皮褐色，裂成长条片状脱落，小枝对生或轮生，叶披针形，镰状微弯，坚硬。
- 习性：喜光，不耐寒，不耐旱。
- 植物搭配：列植；林植；杉木 — 桧柏 —蜡梅+樱花+垂丝海棠+碧桃+石榴+蚊母 — 紫薇。
- 相似树种：台湾杉木。

（12）南洋杉（南洋杉科／南洋杉属）

- 辨识要点：树冠圆锥形。树皮粗糙作环状剥落。枝长，枝端斜向上，老树枝条下垂。叶为绿色，螺旋状着生。

- 习性：喜光，幼树喜阴。喜暖湿气候，不耐干旱与严寒。
- 植物搭配：盆栽（长江及以北地区）；孤植（南方地区）；行道树（南方地区）。

（13）日本冷杉（杉科／冷杉属）
- 辨识要点：主干挺拔，枝条纵横，形成圆锥形树冠。树皮灰褐色，龟裂。叶基部扭转呈两列，向上呈V形，叶背面有两条灰白色气孔带。
- 习性：高山树种，耐阴性强，耐寒、抗风，喜凉爽湿润气候。
- 植物搭配：列植；群植。

（14）侧柏（扁柏）（柏科／侧柏属）
- 辨识要点：幼树树冠尖塔形，老树广圆形。树皮红褐色，纵裂，叶、枝扁平，排成一平面。
- 习性：喜光，耐寒，耐修剪。
- 植物搭配：列植，丛植，绿篱，绿墙；侧柏＋栾树 — 碧桃＋紫丁香＋紫薇 — 铺地柏＋丰花月季＋连翘 — 鸢尾或麦冬；侧柏 — 太平花 — 萱草。
- 相似树种：洒金千头柏。

（15）圆柏（柏科／圆柏属）
- 辨识要点：树冠尖塔形或圆锥形。叶二型，即刺形叶及鳞形叶；刺形叶生于幼树之上，老龄树则全为鳞形叶。
- 习性：喜光，耐阴，耐修剪。
- 植物搭配：孤植；列植；丛植；群植；绿篱；绿墙；圆柏＋太湖石；圆柏 — 木芙蓉 — 麦冬；圆柏 — 红叶李＋罗汉松 — 铺地柏。
- 相似树种：龙柏、蜀桧、黄金柏。

（16）北美香柏（美国侧柏）（柏科／崖柏属）
- 辨识要点：树冠塔形，树皮红褐色。
- 习性：喜光，耐阴，耐修剪，抗烟尘和有毒气体。
- 植物搭配：丛植；绿篱；列植。

（17）日本扁柏（柏科／扁柏属）
- 辨识要点：树冠尖塔形，树皮红褐色，裂成薄片。
- 习性：耐阴，耐寒。
- 植物搭配：行道树；丛植；绿篱。

（18）日本花柏（柏科／扁柏属）
- 辨识要点：树冠尖塔形。树皮红褐色，裂成薄片。叶深绿色，二型，刺叶通常3叶轮生，鳞形叶交互对生或3叶轮生。
- 习性：喜光，不耐寒，耐修剪（圆柱形）。
- 植物搭配：丛植；绿篱；绿墙；日本花柏 — 红叶石楠＋海桐。
- 相似树种：绒柏。

（19）竹柏（罗汉松科／竹柏属）
- 辨识要点：树干通直，树皮褐色平滑，薄片状脱落，叶子为变态的枝条，交叉对生，椭圆状披针形，有多数平行细脉。

- 习性：耐阴，不耐寒，不耐修剪。
- 植物搭配：行道树；对植；疏林草地。

（20）矮紫杉（红豆杉科／红豆杉属）

- 辨识要点：树冠圆形或倒卵形，树皮赤褐色，呈片状剥裂。枝条平展或斜展，叶长1~2.5cm，叶正面深绿色，背面有2条灰绿色气孔带。种子卵圆形，赤褐色，假种皮红色，种子9月~10月成熟。
- 习性：阴性树种，耐修剪，耐寒。
- 植物搭配：孤植；群植；列植；绿篱。

2 落叶针叶树

落叶针叶树

（1）金钱松（松科／金钱松属）

- 辨识要点：树干通直，树皮深褐色，深裂成鳞状块片。枝条轮生而平展，叶片条形，扁平柔软，秋后变金黄色，圆如铜钱。
- 习性：喜光。
- 植物搭配：列植；金钱松 — 锦绣杜鹃+毛白杜鹃 — 络石+宽叶麦冬+沿阶草+常春藤。

（2）池杉（杉科／落羽杉属）

- 辨识要点：主干挺直，树冠尖塔形。树干基部膨大，在低湿地"膝根"明显。树皮灰褐色，纵裂。
- 习性：喜光，耐水湿，耐寒。
- 植物搭配：列植；池杉林；池杉 — 胡颓子 — 黄花苜蓿；池杉+湿地松 — 鸢尾+玉簪。
- 相似树种：落羽杉。

（3）水杉（杉科／水杉属）

- 辨识要点：幼树树冠圆锥形，老树广卵形。树干基部膨大，树皮灰褐色，纵裂，条状剥落。
- 习性：喜光，耐寒，抗有毒气体。
- 植物搭配：列植；水杉林；水杉+二月兰；水杉+日本柳杉 — 山麻杆+桂花+紫叶桃 — 白花三叶草；水杉 — 八角金盘+蜡梅+洒金桃叶珊瑚+迎春 — 箬竹+吉祥草+紫萼；水杉+黄连木+乌桕+连香树 — 卫矛+石楠+十大功劳+粉花绣线菊+棣棠 — 鸢尾。

（4）水松（杉科／水松属）

- 辨识要点：树冠圆锥形，树皮褐色。叶条形或钻形，柔软，冬季与小枝同落。
- 习性：喜光，耐水湿，不耐低温。
- 植物搭配：水松（浅水中）— 落羽杉+池杉（水边）— 水杉+墨西哥落羽杉（水岸）。

3 常绿阔叶树

常绿阔叶树

（1）广玉兰（荷花玉兰）（木兰科／木兰属）

- 辨识要点：树冠卵状圆锥形，花白色，花期5月~7月。

28

- 习性：亚热带树种，喜光。
- 植物搭配：孤植；列植；日本柳杉+广玉兰+香樟+罗汉松 — 瓜子黄杨球 — 黄金条+天鹅绒（百慕大）；广玉兰+银杏+棕榈+龙柏+龙爪槐+罗汉松 — 红枫+桂花+紫荆+海棠+芭蕉 — 结香 — 葱兰+麦冬。

（2）深山含笑（木兰科／含笑属）
- 辨识要点：树冠圆锥形，花期2月~3月，花白色大，具芳香。
- 习性：喜光。
- 植物搭配：深山含笑+桂花 — 阔叶十大功劳+南天竹 — 马蹄金；深山含笑—红茴香 — 锦绣杜鹃。

（3）香樟（樟科／樟属）
- 辨识要点：树冠卵球形，树皮灰褐色，纵裂。叶为离基三出脉，脉腋有腺体。
- 习性：喜光，不耐低温，抗有毒气体。
- 植物搭配：行道树；香樟—海桐+栀子—红花酢浆草；香樟—瓜子黄杨+洒金桃叶珊瑚—石菖蒲；香樟+榉树—八仙花+卫矛—自然地被。

  注 江南四大名木：樟、楠、梓、桐

（4）桂花（木犀科／木犀属）
- 辨识要点：树冠圆头形或椭圆形，树皮灰白色，花期9月~10月。
- 习性：喜光，耐半阴，不耐寒。
- 植物搭配：桂花+慈孝竹 — 茶花；桂花+山茶 — 牡丹。

表2.1	**桂花变种**		
变种	**花期**	**花色**	**树形和长势**
金桂	一般9月下旬开花	花金黄色，香味浓	株型高大直立，树冠圆球形，枝叶繁茂，枝条发育强健，发芽期早
银桂	花期比金桂晚一周	花乳白色或淡黄色	树型比金桂小，枝条、叶一般都比较稀疏，树冠呈长圆球形
丹桂	花期在9月下旬	花冠初开时为橙黄色，逐渐变为橙红色，但香气稍逊	春梢萌发较迟，枝条硬而短粗，秋梢生长旺盛
四季桂	四季开花	黄色和白色，一年数次开花，香味较淡	呈灌木状，树冠为椭圆形，枝条发育健壮，枝叶繁茂

（5）女贞（木犀科／女贞属）
- 辨识要点：树冠倒卵形，树皮平滑灰色。叶花小，圆锥花序顶生，花白色，花期6月~

7月。

- 习性：喜光，稍耐阴，不耐寒；耐修剪。
- 植物搭配：孤植；列植；行道树。

（6）棕榈（棕榈科／棕榈属）

- 辨识要点：树干圆柱形，直立，不分枝。老叶柄基部残存不脱落。叶簇生于干顶，扇形，长50~70cm，掌状深裂达中下部，叶柄长40~100cm，两侧细齿明显。雌雄异株，圆锥状肉穗花序，花小，黄色，花期4月~5月。核果球形，径约1cm，蓝黑色，被白粉，果期10月~11月。
- 习性：喜温暖湿润气候，稍耐低温，是棕榈科耐寒树种之一。稍耐旱和水湿，较耐阴。
- 植物搭配：列植；丛植；群植，棕榈 — 凤尾兰；棕榈 — 红花酢浆草。

（7）石楠（蔷薇科／石楠属）

- 辨识要点：树冠卵形或圆球形。幼枝绿色或灰褐色，单叶互生，先端尖，缘有细尖锯齿，新叶红色。花白色，花期5月~7月。
- 习性：喜光，耐阴，耐修剪。
- 植物搭配：孤植；丛植；对植；绿墙；石楠+西府海棠 — 海桐+八仙花+石榴 — 麦冬。

（8）枇杷（蔷薇科／枇杷属）

- 辨识要点：树冠圆形，小枝。叶背及花序密被锈色绒毛，叶先端尖，锯齿迟钝，侧脉明显，表面多皱。圆锥顶生花序，白色，花期10月~12月。果球形，橙黄色，翌年5月~6月成熟。
- 习性：喜光，不耐寒。
- 植物搭配：枇杷—八仙花—麦冬。

（9）杜英（杜英科／杜英属）

- 辨识要点：树冠圆形。单叶互生，倒卵状披针形，长4~8cm，叶缘有钝锯齿，绿叶中常存有鲜红的老叶。花白色，花期6月~8月。
- 习性：稍耐阴，不耐寒，不耐积水，耐修剪。
- 植物搭配：丛植；对植；列植；高绿篱；群植；杜英 — 杜鹃。

（10）法国冬青（珊瑚树）（忍冬科／冬青属）

- 辨识要点：树冠卵圆形，树皮暗灰色。叶革质，叶表面深绿色，背面淡绿色，叶的侧脉6~8对。花白色，聚伞花序顶生，花期5月~6月。果卵形，先红后黑，果期7月~9月。
- 习性：喜光，稍耐阴，耐水湿，不耐寒，耐修剪。
- 植物搭配：孤植；列植；丛植；绿篱。

（11）杨梅（杨梅科／杨梅属）

- 辨识要点：树冠圆球形，叶常密集于小枝上端部分。叶倒披针形。花单性，雌雄异株，雄花序圆柱形，紫红色，雌花序球形，成熟时深红色。花期3月~4月，果期6月~7月。
- 习性：喜暖，稍耐阴，不耐寒。
- 植物搭配：丛植；对植。

（12）柑橘（芸香科／柑橘属）

- 辨识要点：小枝较细弱，无毛，通常有刺。叶长卵状披针形，长4~8cm。花黄白色，单生或簇生叶腋。果扁球形，径5～7cm，橙黄色或橙红色，果皮薄易剥离。春季开花，10月~12月果熟。
- 习性：喜温暖湿润气候，耐寒性较柚、橙稍强。
- 植物搭配：孤植；柑橘 — 红花酢浆草。

（13）山茶（山茶科／山茶属）

- 辨识要点：树冠卵圆形，单叶互生，革质。花单生或对生于叶腋或枝顶，花无柄，红色，花期2月~4月。果球形，外壳木质化，果期9月~10月。
- 习性：喜侧方庇荫，喜温暖湿润气候，不耐热，不耐严寒，不耐积水。
- 植物搭配：孤植；丛植；群植；对植；山茶 — 牡丹；山茶 — 海桐；山茶+假山。

4 落叶阔叶树

落叶阔叶树

（1）白玉兰（木兰科／木兰属）

- 辨识要点：树冠广卵形，花白色，花期2月～3月。
- 习性：亚热带树种，喜光。
- 植物搭配：丛植；白玉兰+黄玉兰 — 桂花 — 八角金盘 — 鸢尾；白玉兰+广玉兰 — 山茶；白玉兰+松；白玉兰 — 山茶 — 阔叶麦冬；白玉兰+五角枫 — 山茶+含笑—火棘+绣线菊。
- 相似树种：黄玉兰。

（2）紫玉兰（木兰科／木兰属）

- 辨识要点：树皮灰褐色，小枝褐紫色。花叶同放，花紫色，花期3月~4月。
- 习性：喜光，怕积水。
- 植物搭配：丛植；紫玉兰 — 洒金桃叶珊瑚 — 麦冬。

（3）鹅掌楸（马褂木）（木兰科／鹅掌楸属）

- 辨识要点：树冠圆锥形，树皮灰色，叶形似马褂，长12~15cm，叶先端微凹，花被片外面为淡绿色，内面为黄色。花期5月~6月。
- 习性：喜光，耐寒。
- 植物搭配：行道树；鹅掌楸+广玉兰+桂花 — 八仙花+天目琼花+珍珠梅 — 萱草+玉簪。

（4）檫木（樟科／檫木属）

- 辨识要点：树干通直圆满，叶多集生枝顶，长8~20cm，全缘或有2~3裂，离基三出脉明显，叶背有白粉。花黄色，花期3月。果球形，成熟时蓝黑色，被白粉，果期7月~8月。
- 习性：喜光，不耐寒。
- 植物搭配：行道树；丛植。

（5）旱柳（杨柳科／柳属）

- 辨识要点：树冠圆卵形，树皮灰黑色，枝条斜展，叶披针形。
- 习性：喜光，耐寒，耐水湿，耐旱。

- 植物搭配：行道树；孤植。

（6）白蜡（木犀科／白蜡树属）

- 辨识要点：树冠阔卵形，树皮棕褐色，奇数羽状复叶对生。圆锥花序，花白色，花期5月。翅果，黄褐色，果期10月。
- 习性：喜光，不耐干旱，耐寒。
- 植物搭配：白蜡+馒头柳+桧柏—麻叶绣线菊+连翘+丁香—宽叶麦冬。
- 相似树种：美国白蜡。

（7）白梨（蔷薇科／梨属）

- 辨识要点：树冠倒卵形，冠幅4~9m。花成伞形总状花序，花白色，花瓣5个。先花后叶，可营造"忽如一夜春风来，千树万树梨花开"的意境。花期4月。果卵形或近球形，黄色或黄白色，有细密斑点，果期8月~9月。
- 习性：喜光，稍耐寒。
- 植物搭配：孤植；白梨 — 木槿。
- 相似树种：豆梨、杜梨。

（8）梅花（蔷薇科／李属）

- 辨识要点：树干褐紫色，小枝绿色。叶片广卵形，边缘有锯齿。花色有紫色、红色、淡黄色、绿色、粉色、白色等。花每节1~2朵，单瓣或重瓣，早春先花后叶，花期12月至翌年1月（中国西南地区），2月~3月(中国华中地区)，3月~4月（中国华北地区）。
- 习性：喜光，耐寒。
- 植物搭配：林植；梅花 — 蜡梅 — 迎春+美人蕉；梅花 — 孝顺竹。
- 品种分类：花梅、果梅。

影响世界的中国植物—梅花

梅花林植

梅花品种

（9）李（蔷薇科／李属）

- 辨识要点：树冠广球形，树皮灰褐色，起伏不平。小枝平滑无毛，灰绿色，有光泽。花白色，3朵并生，花期3月~4月。核果球形，果期7月~8月。
- 习性：喜光，耐寒，稍耐阴。
- 植物搭配：群植；桃树+李 — 金丝桃。

（10）杏（蔷薇科／李属）

- 辨识要点：小枝红褐色，花白色，先花后叶，花期3月~5月，果期6月~7月。
- 习性：喜光，耐寒，耐旱。
- 植物搭配：片植；杏+假山；杏 — 南天竹 — 沿阶草。

（11）樱花（蔷薇科／李属）

- 辨识要点：落叶乔木，树皮暗褐色。叶倒卵形，先端尾尖，叶缘有锯齿，叶背面苍白色。花白色或淡粉红色，花叶同放，花期4月。
- 习性：喜光，耐寒。
- 植物搭配：孤植；丛植；群植；行道树。
- 相似树种：日本晚樱、日本樱花。

（12）樱桃（蔷薇科／李属）
- 辨识要点：叶先端尖，基部圆形，叶缘有锯齿。花瓣4个，白色，花期3月，先花后叶，果期5月~6月。
- 习性：耐寒，耐旱，喜阳，不耐阴。
- 植物搭配：孤植；片植；樱桃 — 萱草。

（13）紫叶李（蔷薇科／李属）
- 辨识要点：树皮为紫灰色，树干光滑。单叶互生，叶紫红色，嫩芽淡红褐色。花粉白色，花单生或2朵簇生，花叶同放，花期3月。
- 习性：喜光，稍耐阴，耐寒。
- 植物搭配：丛植；紫叶李+木槿+碧桃—狭叶十大功劳—金边麦冬。

（14）木瓜（蔷薇科／木瓜属）
- 辨识要点：树皮薄片状剥落。花单生叶腋，粉红色，先叶后花，花期4月~5月。果椭圆球形，长10~15cm，暗黄色，木质，有香气，果期8月~10月。
- 习性：喜光，耐寒。
- 植物搭配：孤植；丛植；片植。

（15）桃（蔷薇科／李属）
- 辨识要点：树干灰褐色，粗糙有孔。叶披针形，花粉红色，先花后叶，花期3月~4月，果期6月~8月。分果桃和花桃两大类。
- 习性：喜光，耐寒，耐旱，畏涝。
- 植物搭配：孤植；丛植；群植；桃树+垂柳 — 迎春+笑靥花。

（16）碧桃（蔷薇科／李属）
- 辨识要点：小枝红褐色或褐绿色。花单生或两朵生于叶腋，重瓣，花色有粉红色、白色、深红，花期3月~4月。
- 习性：喜光，耐旱，耐高温，较耐寒，畏涝。
- 植物搭配：同桃。

（17）海棠花（蔷薇科／苹果属）
- 辨识要点：树皮灰褐色、光滑。叶互生，表面深绿色而有光泽，背面灰绿色并有短柔毛，叶柄细长，基部有两个披针形托叶。花为5~7朵簇生，伞形总状花序，未开时为红色，开后渐变为粉红色，花期4月~5月。梨果球形，黄绿色。
- 习性：喜光，耐寒，耐旱，不耐水湿。
- 植物搭配：海棠 — 紫丁香+连翘+紫珠 — 大花萱草。
- 相似树种：垂丝海棠、西府海棠、湖北海棠。

（18）二球悬铃木（英国梧桐）（悬铃木科／悬铃木属）
- 辨识要点：树冠卵圆形，树皮光滑，大片块状脱落。叶阔卵形，掌状5裂，有时7裂或3裂，掌状脉3条，稀为5条。果序常2个生于总柄，果熟9月~10月。
- 习性：喜光，不耐阴，耐干旱，耐修剪。

悬铃木景观

- 植物搭配：悬铃木 — 杜鹃 — 紫叶小檗+金丝桃 — 沿阶草；悬铃木+垂柳+黑松 — 金钟花+紫珠+麻叶绣球 — 二月兰。
- 相似树种：一球悬铃木（美国梧桐）、三球悬铃木（法国梧桐）。

> **注** 英国梧桐是美国梧桐和法国梧桐的杂交种。

（19）合欢（豆科／合欢属）

- 辨识要点：树冠伞形，树皮灰色。偶数羽状复叶，小叶对生，白天对开，夜间合拢。花萼和花瓣黄绿色，花丝粉红色，花期6月~7月。荚果扁平。果期9月~11月。
- 习性：喜光，喜温暖，耐寒，耐旱。
- 植物搭配：孤植；丛植；行道树；合欢+白皮松 — 棣棠；合欢 — 金银木+小叶女贞 — 早熟禾+紫花地丁。

（20）刺槐（蝶形花科／刺槐属）

- 辨识要点：树冠椭圆状倒卵形，树皮灰褐色。奇数羽状复叶互生。花蝶形，白色，有芳香，花期5个月。荚果带状，扁平，果期10月~11月。
- 习性：喜光，耐寒，耐旱。
- 植物搭配：刺槐 — 棣棠+紫珠 — 二月兰。

（21）槐树（蝶形花科／槐属）

- 辨识要点：树冠圆形，树皮暗灰色。小枝绿色，奇数羽状复叶互生。花蝶形，浅黄绿色，花期6月~8月。荚果成念珠状，悬挂树梢，经冬不落，果期10月。
- 习性：喜光，耐寒。
- 植物搭配：行道树；槐树+桧柏 — 裂叶丁香+天目琼花 — 崂峪苔草；槐树 — 红花锦带+珍珠梅 — 扶芳藤+紫花地丁；槐树+云杉+栾树 — 山楂+小叶女贞+蔷薇 — 美国地锦+金银花。

（22）龙爪槐（蝶形花科／槐属）

- 辨识要点：树冠如伞，大枝弯曲扭转，小枝下垂，奇数羽状复叶，互生。
- 习性：喜光，稍耐阴。
- 植物搭配：对植；孤植；龙爪槐+假山。

（23）黄栌（漆树科／黄栌属）

- 辨识要点：树冠圆形，树皮暗灰褐色。小枝紫红褐色，单叶互生。花小，黄绿色，顶生圆锥花序，有多数不孕花的紫绿色羽毛状细长花梗宿存，花期4月~5月。核果肾形，果期6月~7月。
- 习性：喜光，耐半阴，耐寒，耐旱，不耐水湿。
- 植物搭配：丛植；黄栌+石楠+山麻杆 — 金叶女贞+龟甲冬青。

（24）榉树（榆科／榉树属）

- 辨识要点：树冠倒卵状伞形。树皮棕褐色，平滑，老时薄片状脱落。单叶互生，缘具锯齿。叶秋季变色，有黄色系和红色系两个品系。
- 习性：喜光，抗风。
- 植物搭配：孤植；丛植；行道树。

（25）朴树（榆科／朴属）

- 辨识要点：树冠扁球形。单叶互生，不对称，三出脉，中部以上有粗钝锯齿。核果近球形，橙红色，果梗与叶柄近等长，果期10月。
- 习性：喜光，耐阴，耐水湿。
- 植物搭配：孤植；丛植；朴树+榉树+广玉兰 — 紫薇+西府海棠+桂花 — 萱草+麦冬。

（26）榔榆（榆科／榆属）

- 辨识要点：树冠扁球形，树皮灰褐色，不规则薄鳞片状剥落。单叶互生，叶小，先端尖，基部歪斜，叶有锯齿。花簇生于叶腋。翅果椭圆形，似小铜钱，顶部凹陷，果核居中，果期10月。
- 习性：喜光，稍耐阴。
- 植物搭配：孤植；榔榆+枫香 — 鸡爪槭+枇杷 — 杜鹃+南天竹；榔榆+广玉兰+银杏 — 枇杷+紫薇+垂丝海棠+八仙花 — 鸢尾+麦冬。

（27）白榆（榆树）（榆科／榆属）

- 辨识要点：树冠圆球形。叶缘不规则锯齿。花簇生，花期3月~4月，先叶开放。翅果近圆形，熟时黄白色，果核周围具薄翅，果期4月~6月。
- 习性：喜光，耐旱，耐寒。
- 植物搭配：白榆 — 紫荆 — 麦冬；白榆+乌桕 — 小棕榈+石楠 — 二月兰。

（28）青桐（梧桐）（梧桐科／梧桐属）

- 辨识要点：树干通直，树皮平滑，青绿色，平滑。叶心形，掌状3~5裂，基生脉7条，叶柄与叶片等长。圆锥花序顶生，淡紫色，花期6月。
- 习性：喜光，不耐寒。
- 植物搭配：孤植；青桐 — 杜鹃 — 马尼拉草；青桐 — 红枫 — 马蹄筋；青桐 — 孝顺竹 — 芭蕉。

（29）七叶树（七叶树科／七叶树属）

- 辨识要点：树冠伞形，树皮灰褐色，片状剥落，掌状复叶，小叶常为7枚。
- 习性：喜光，稍耐阴，耐寒。
- 植物搭配：行道树；孤植；丛植；七叶树+广玉兰+鹅掌楸 — 桂花+鸡爪槭 — 海桐。

> **注** 与悬铃木、椴树、榆树并称四大行道树。

（30）垂柳（杨柳科／柳属）

- 辨识要点：枝条细长下垂，叶披针形，长8~16cm。
- 习性：喜光，耐水湿，耐寒。
- 植物搭配：垂柳 — 碧桃+日本晚樱；垂柳+栾树+桧柏 — 棣棠+紫薇+海州常山 — 崂峪苔草+玉簪；垂柳 — 白皮松+西府海棠 — 蜡梅+丁香+平枝栒子 — 崂峪苔草。

（31）杜仲（杜仲科／杜仲属）

- 辨识要点：树冠圆球形。树皮深灰色，树体各部折断均具银白色胶丝。单叶互生，椭圆形，有锯齿，羽状脉，老叶表面网脉下限。雌雄异株，花期4月~5月。翅果扁平，顶端2裂，果期10月~11月。

- 习性：喜光，耐寒。
- 植物搭配：杜仲 — 早园竹+构骨 — 萱草+早熟禾。

（32）枫杨（胡桃科／枫杨属）

- 辨识要点：树冠广展，偶数羽状复叶，叶轴有翼。花单性同株，雄花序单生于新枝顶端，雌花序单生于上年枝侧，花期4月~5月。果实连成串，向下垂吊，长20~30cm，有果翅，果期8月~9月。
- 习性：喜光不耐庇荫，耐水湿，耐寒，耐旱。
- 植物搭配：孤植；枫杨 — 木槿+海桐。

（33）栾树（无患子科／栾树属）

- 辨识要点：树冠圆形，树皮暗褐色，奇数羽状复叶。花小，金黄色，顶生圆锥花序，长25~40cm，花期7月~8月。果三角状卵形，熟时橘红色，果期9月~10月 。
- 习性：喜光，稍耐阴，耐寒。
- 植物搭配：行道树；栾树+合欢 — 洒金东瀛珊瑚+海桐+南天竹 — 沿阶草；栾树+合欢 — 栀子+金丝桃+大吴风草。

（34）无患子（无患子科／无患子属）

- 辨识要点：树冠广卵形，偶数羽状复叶。圆锥花序顶生，花黄白色或淡紫色，花期5月~6月。核果球形，橙黄色，果期9月~10月。
- 习性：喜光，稍耐阴。
- 植物搭配：丛植；列植；无患子+银杏+枫香 — 鸡爪槭+桂花。

（35）紫花泡桐（玄参科／泡桐属）

- 辨识要点：树冠广卵形或近球形，树皮褐灰色。叶心状，长卵形。花紫色，圆锥聚伞花序，花冠紫色漏斗状钟形，先花后叶，花期4月~5月。果皮木质，果期11月。
- 习性：喜光，不耐阴。
- 植物搭配：泡桐 — 柳叶绣线菊+连翘 — 白三叶；泡桐 — 中华绣线菊 — 垂盆草。
- 相似树种：白花泡桐。

（36）楝树（楝科／楝属）

- 辨识要点：树冠伞形，侧枝开展枝条宽广，树皮浅纵裂。奇数羽状复叶互生。花淡紫色，圆锥状聚伞花序，长25~30cm，花期4月~5月。核果球形，黄色，经冬不落，果期10月~11月。
- 习性：喜光，不耐阴，不耐寒，耐水湿。
- 植物搭配：楝树+龙柏 — 黄杨+石楠+棣棠 — 二月兰；楝树 — 丁香 — 二月兰。

（37）重阳木（大戟科／重阳木属）

- 辨识要点：树冠伞形，树皮褐色，成薄鳞片状剥落。三小叶复叶，新叶淡红色，入秋后转红色。花淡绿色，花期4月~5月，与叶同放。浆果球形，红褐色，果期11月。
- 习性：喜光，稍耐阴，喜水湿，稍耐寒。
- 植物搭配：重阳木+乌桕+金钱松+黑松 — 毛白杜鹃+锦绣杜鹃 — 连钱草。

（38）枫香（金缕梅科／枫香属）
- 辨识要点：树冠卵形。单叶互生，叶掌状3裂。花期3月~4月。果球形，针刺状，褐色，果期10月。
- 习性：喜光，抗风，耐干旱。
- 植物搭配：枫香 — 桂花 — 小叶桅子；枫香+麻栎 — 厚皮香 — 南天竹 — 沿阶草。

（39）银杏（银杏科／银杏属）
- 辨识要点：树冠广卵形，壮年期树冠圆锥形，树皮灰褐色。主枝斜出，叶扇形，有二叉状叶脉。雌雄异株。核果，橙黄色，果期9月~10月。是中国的国树。
- 习性：喜光，耐寒，不耐积水，较耐干旱。
- 植物搭配：列植；银杏+广玉兰 — 桂花+红叶李+夹竹桃+紫玉兰+蜡梅+木槿 — 黄金条+铺地柏+杜鹃+麦冬；银杏+泡桐 — 八角金盘+八仙花+山茶 — 鱼腥草+爬山虎；广玉兰+银杏 — 碧桃+罗汉松 — 黄馨+凤尾兰；银杏 — 胡颓子 — 石蒜。

（40）毛白杨（杨柳科／杨属）
- 辨识要点：树冠圆锥形，树皮幼时青白色，皮孔菱形，老年期树皮纵裂，暗灰色。花期3月~4月，先花后叶。果期4月。
- 习性：喜光，耐寒。
- 植物搭配：毛白杨+元宝枫 — 碧桃+山楂 — 榆叶梅+金银花+紫枝忍冬 — 玉簪+大花萱草；毛白杨+栾树+云杉 — 珍珠梅+金银木 — 络石；毛白杨+三角枫 — 天目琼花+连翘 — 玉簪+荷包牡丹。
- 相似树种：银白杨、加拿大杨。

（41）臭椿（苦木科／臭椿属）
- 辨识要点：树冠呈扁球形或伞形。树皮灰白色或灰黑色，平滑，稍有浅裂纹。奇数羽状复叶，互生，叶总柄基部膨大，齿端有1个腺点，有臭味。圆锥花序顶生，花白绿色，花期4月~5月。翅果，种子位于中央，果期9月~10月。
- 习性：喜光，耐干旱，耐寒，不耐水湿，不耐阴。
- 植物搭配：臭椿 — 红瑞木 — 玉簪；臭椿+元宝枫 — 榆叶梅+太平花+连翘+白丁香 — 络石。

（42）香椿（楝科／香椿属）
- 辨识要点：树冠伞形，树皮红褐色。偶数羽状复叶，嫩叶绿中透紫，有香气。嫩芽可食。花白色，花期5月~6月。果期9月~10月。
- 习性：喜光，不耐阴，较耐湿。
- 植物搭配：孤植；行道树；香椿 — 鸡麻+锦带花。

（43）乌桕（大戟科／乌桕属）
- 辨识要点：树冠圆球形，树皮灰黑色。叶互生，呈菱形，叶端尖，秋季时会转为红色。花单性，雌雄同株，聚集成顶生总状花序，黄绿色细穗状。蒴果绿色，球形，成熟时为黑色，并裂开为3瓣。种子近圆形，外被白蜡质假种皮。
- 习性：喜光，不耐寒。

· 植物搭配：乌桕+三角枫+枫香 — 八仙花+蝴蝶绣球 — 花叶长春蔓；乌桕+香樟 — 南天竹+蚊母 — 狗牙根。

（44）**南京椴**（椴树科／椴树属）

· 辨识要点：树冠倒卵形或椭圆形，树皮深灰褐色。单叶互生，叶三角状卵形，叶端尖，基部心形，叶缘有锯齿。花10~20朵成聚伞花序，黄色，花期7月。果球形，基部有5棱，表面有星状毛，果期9月。

· 习性：喜光，耐阴，不耐寒。

· 植物搭配：孤植；行道树。

（45）**梓树**（紫葳科／梓树属）

· 辨识要点：树冠倒卵形或椭圆形，树皮褐色或黄灰色，树皮浅纵裂。叶宽卵形，长宽相等，全缘或3~5裂。花淡黄色或黄白色，内有紫斑点，花期5月~6月。果细长如豇豆，长20~30cm，果期9月~11月，经冬不落。

· 习性：喜光，耐寒，稍耐阴。

· 植物搭配：行道树；孤植。

· 植物搭配：黄金树、楸树。

（46）**薄壳山核桃**（美国山核桃）（胡桃科／山核桃属）

· 辨识要点：树冠伞形，树干耸直。树皮有深沟，黑褐色。奇数羽状复叶，坚果长椭圆形，果期11月。

· 习性：喜光，耐湿，耐寒。

· 植物搭配：列植。

（47）**喜树**（蓝果树科／喜树属）

· 辨识要点：树冠倒卵形，树皮光滑，灰白色。单叶互生，羽状脉明显。花淡绿色，花期5月~7月，果期9月~11月。

· 习性：喜光，不耐寒，较耐水湿。

· 植物搭配：孤植；喜树 — 桂花 — 小檗+金丝桃 — 麦冬+石蒜+马尼拉草。

（48）**柿树**（柿科／柿属）

· 辨识要点：树冠半圆形，树皮暗灰色，裂成长方形小块片固着树干上。叶表面深绿色，有光泽，背面淡绿色。花四基数，花冠钟状，黄白色，4裂，花期5月~6月。果扁球形，橙黄色或鲜黄色，花萼宿存，果期9月~10月。

· 习性：喜光，耐干旱。

· 植物搭配：孤植；柿树+乌桕 — 红枫+鸡爪槭+桂花 — 含笑+栀子 — 晚香玉。

（49）**枣树**（鼠李科／枣属）

· 辨识要点：枝红褐色，光滑无毛。小枝绿色，呈之字形，单叶互生，基部偏斜，3出或5出脉。花黄白色，花期5月~6月，果成熟红色，果期8月~9月。

· 习性：喜光，耐寒。

· 植物搭配：孤植。

（50）紫薇（千屈菜科／紫薇属）
- 辨识要点：小乔木。树皮淡褐色，薄片状剥落后特别光滑。小枝四棱，无毛，叶对生。花紫色，花期6月~9月，花瓣片皱波状。果球形。
- 习性：喜光，稍耐阴，耐旱，耐修剪。
- 植物搭配：丛植；紫薇+桂花 — 栀子花。

（51）鸡爪槭（槭树科／槭属）
- 辨识要点：小乔木。枝条细长，横展，光滑，叶5~9掌状深裂，径5~10cm，基部心形。花紫色，花期5月。翅果，两翅展开呈钝角。果期10月。
- 习性：喜光，耐阴。
- 植物搭配：鸡爪槭 — 金桂+垂丝海棠+枸骨 — 腊梅+栀子花+紫薇 — 白芨+石蒜。

（52）红枫（槭树科／槭属）
- 辨识要点：小乔木。叶掌状，5~7深裂纹。花顶生伞房花序，紫色，花期4月~5月。翅果，翅长2~3cm，两翅间呈钝角。叶和枝常年呈紫红色。
- 习性：耐阴，耐寒。
- 植物搭配：孤植；红枫+鸡爪槭+桂花 — 海桐+锦带花+金钟花 — 花叶蔓长春花。

（53）三角枫（槭树科／槭属）
- 辨识要点：树皮褐色或深褐色，粗糙。叶3浅裂，长4~10cm，3主脉，裂片全缘，背面有白粉。花黄绿色，花期4月。翅果，果翅张开成锐角或近于平行，果期9月。
- 习性：耐寒，较耐水湿，萌芽力强，耐修剪。
- 植物搭配：孤植；丛植；行道树；三角枫 — 绣球+含笑 — 八角金盘 — 金丝桃+葱兰。

（二）灌木
1 常绿灌木

常绿灌木

（1）油茶（山茶科／山茶属）
- 辨识要点：小乔木或灌木。叶卵状椭圆形，叶缘有锯齿。1~3多腋生或顶生，花无梗，花白色，花期10月~12月。蒴果木质，黑褐色，果期翌年9月~10月。
- 习性：喜光，耐寒。
- 植物搭配：丛植；群植。

（2）山茶（山茶科／山茶属）
- 辨识要点：小乔木或灌木。叶卵形或椭圆形，互生，缘有细齿，叶脉网状，叶面有光泽。花有白、粉红、红、紫红、红白相间，花有单瓣、重瓣，花期2月~4月。
- 习性：喜半阴，尤以侧方庇荫为佳。
- 植物搭配：孤植；丛植；群植；落叶乔木 — 山茶。
- 注 中国十大名花：兰花、梅花、牡丹、菊花、月季、杜鹃、荷花、茶花、桂花、水仙。

（3）茶梅（山茶科／山茶属）
- 辨识要点：常绿小乔木或灌木。叶椭圆形，叶端锐尖，叶缘有齿，表面有光泽。花色有玫瑰红、白色，花无柄，花期11月至翌年1月。

- 习性：喜光，稍耐阴，耐寒，耐旱。
- 植物搭配：绿篱；地被。

（4）海桐（海桐科／海桐属）

- 辨识要点：树冠圆球形。单叶互生，革质，倒卵状椭圆形，先端圆钝，边缘单曲，全缘。顶生伞房花序，花白色或黄白色，芳香，花期5月。蒴果卵形，有棱角，熟时3瓣裂，露出鲜红色种子，果期10月。
- 习性：喜光，稍耐阴，耐修剪，耐寒性不强。
- 植物搭配：孤植；对植；丛植；片植；绿篱。

（5）大叶黄杨（卫矛科／卫矛属）

- 辨识要点：小乔木或灌木。小枝绿色，四棱形，叶革质有光泽，倒卵形。花绿白色，聚伞花序，腋生枝条顶部，花期5月。蒴果扁球形，淡粉红色，熟时4瓣裂，橘红色，果期10月。
- 习性：喜光，稍耐阴，耐修剪，耐旱，不耐寒。
- 植物搭配：绿篱；丛植；对植；地被。
- 品种：银边大叶黄杨、金边大叶黄杨、银斑大叶黄杨、斑叶大叶黄杨、狭叶大叶黄杨。

（6）黄杨（黄杨科／黄杨属）

- 辨识要点：小乔木或灌木。树皮灰褐色，小枝具四棱脊。叶对生革质，先端圆或微凹。花簇生叶腋或枝顶，花黄绿色，花期3月~4月。果嫩时呈浅绿色，向阳面为褐红色，种子近圆球形，11月成熟，果皮开裂，露出橙红色种皮。
- 习性：耐半阴，耐修剪，耐寒，耐热，抗污染。
- 植物搭配：绿篱；丛植；对植；地被。

（7）小叶女贞（木犀科／女贞属）

- 辨识要点：枝条铺散，叶椭圆形，光滑无毛，全缘。圆锥花序，花白色，有芳香，花期5月~7月。核果椭圆形，紫黑色，果期8月~11月。
- 习性：喜光，耐阴，耐修剪，稍耐寒。
- 植物搭配：对植；绿篱；列植；地被。
- 品种：金叶女贞。

（8）云南黄馨（木犀科／茉莉属）

- 辨识要点：藤状灌木。枝细长拱形，柔软下垂，四方形，叶对生，小叶3枚。花黄色，花期4月~5月。
- 习性：喜光，稍耐阴，不耐寒。
- 植物搭配：池畔；绿篱；片植。

（9）夹竹桃（夹竹桃科／夹竹桃属）

- 辨识要点：大灌木。叶三枚轮生，线状披针形，中脉明显，叶全缘。聚伞花序顶生，花色粉红、白、黄、深红，有香气，单瓣或重瓣，花期6月~10月。
- 习性：喜温暖湿润气候，不耐寒。
- 植物搭配：群植；绿篱；夹竹桃 — 红花酢浆草。

（10）凤尾兰（龙舌兰科／丝兰属）

- 辨识要点：叶梗直，叶长40~60cm，叶端呈坚硬刺状。直立圆锥花序，高1~1.5m，花下垂，乳白色，花期6月~9月。
- 习性：喜光，耐旱，耐寒。
- 植物搭配：丛植；群植；列植；绿篱；棕榈 — 凤尾兰。
- 附种：丝兰。

（11）苏铁（苏铁科／苏铁属）

- 辨识要点：叶羽状深裂，厚革质坚硬，羽片条形，长达18cm，边缘反卷。雄球花长圆柱形，雌球花扁球形，密被黄褐色绒毛，花期6月~8月。种子卵形，微扁，果期10月。
- 习性：喜光，耐阴，不耐寒，不耐水湿。
- 植物搭配：盆栽（华东、华北地区）、对植。

（12）栀子花（茜草科／栀子花属）

- 辨识要点：小枝绿色，叶对生或3枚轮生，倒卵状椭圆形，革质有光泽，全缘。花大，单生枝顶或叶腋，花白色或淡黄色，具浓香，花期5月~6月。
- 习性：喜光，耐阴，不耐寒，耐修剪。
- 植物搭配：孤植；对植；群植；列植；绿篱。

（13）红花檵木（金缕梅科／檵木属）

- 辨识要点：小枝、嫩叶、花萼均带紫色。叶全缘互生。花瓣带状线形，紫红色，3~8朵簇生于小枝顶端，花期4月~5月。蒴果木质，熟时4瓣裂，果期9月~10月。
- 习性：喜光，耐半阴，耐修剪。
- 植物搭配：孤植；丛植；地被；绿篱；红花檵木 — 侧柏 — 麦冬。
- 相似树种：白花檵木。

（14）龟甲冬青（忍冬科／冬青属）

- 辨识要点：高度0.3~0.5m。多分枝，小枝有灰色细毛，叶小而密，叶面凸起，厚革质，椭圆形至长倒卵形。花白色，花期5月~6月。果球形，黑色，果期8月~10月。
- 习性：喜温湿气候，喜光，稍耐阴，较耐寒，耐修剪。
- 植物搭配：地被；丛植。

（15）阔叶十大功劳（小檗科／十大功劳属）

- 辨识要点：小叶9~15枚，卵状椭圆形，叶缘反卷，叶两侧大刺齿2~5个，叶坚硬革质，有光泽。花黄色，香气，总状花序直立，花期3月~4月。浆果卵形蓝黑色，果期9月~10月。
- 习性：耐阴，耐寒。
- 植物搭配：丛植；点缀假山；林缘下木；盆栽。

（16）十大功劳（小檗科／小檗属）

- 辨识要点：小叶5~9枚，狭披针形，革质有光泽，叶缘刺齿，无叶柄。花黄色，总状花序4~8条簇生，花期8月~12月。浆果球形，蓝黑色，被白粉，果期12月至翌年1月。
- 习性：耐阴，耐寒，阳处阴处均能生长。
- 植物搭配：丛植；点缀假山；林缘下木；绿篱；地被。

（17）杜鹃（杜鹃花科／杜鹃花属）
- 辨识要点：叶纸质或近革质，对生或簇生，倒卵形或长圆状倒卵形。花单生或2~3朵簇生，花色有红色、粉红、白色，粉白相间，花期3月~6月，果期5月至翌年1月。
- 习性：喜阴，喜湿，耐修剪。
- 植物搭配：丛植；群植；地被；绿篱；鸡爪槭 — 毛白杜鹃；青枫 — 红花杜鹃，杜鹃专类园。
- 品种：映山红、毛鹃、夏鹃、西洋鹃、东鹃、春鹃、羊踯躅、迎红杜鹃、马银花、云锦杜鹃、毛白杜鹃。

（18）红背桂（大戟科／土沉香属）
- 辨识要点：叶表面深绿色，背面深紫红色。穗状花序顶生，花淡黄色，花期6月~7月。
- 习性：热带树种，耐阴，不耐寒，不耐水湿。
- 植物搭配：盆栽。

（19）南天竹（小檗科／南天竹属）
- 辨识要点：丛生状。2~3回羽状复叶，互生，中轴有关节，叶全缘。花白色，顶生圆锥花序，花期5月~7月。浆果球形，红色，果期9月~10月，经冬不落。
- 习性：喜半阴，耐寒，不耐强光。
- 植物搭配：地被；点缀假山；鸡爪槭 — 南天竹；海棠 — 南天竹+铁梗海棠。

（20）月季（蔷薇科／蔷薇属）
- 辨识要点：高可达2m，最矮至0.3m。小枝有钩刺或无刺。羽状复叶，小叶3~5枚，先端尖，具尖锯齿。花单生或几朵集生成伞房花序。花有紫红、粉、白色等，花期5月~10月。蔷薇果卵形，红色，果期9月~11月。
- 习性：喜光，耐寒，耐旱，耐修剪。
- 植物搭配：地被；花境；花坛；月季专类园。

（21）红叶石楠（蔷薇科／石楠属）
- 辨识要点：小乔木或灌木。小枝褐灰色，无毛。叶革质，互生，叶边缘有细锯齿。复伞房花序顶生，花白色，花期4月~5月。梨果球形，红色或褐紫色。春季新叶红艳，夏季转绿，秋、冬、春三季呈现红色。
- 习性：喜光，耐寒，耐旱，耐阴，耐修剪。
- 植物搭配：绿篱；地被；丛植。

（22）蚊母树（金缕梅科／蚊母属）
- 辨识要点：树冠圆球形。单叶互生，倒卵状椭圆形，全缘，革质，叶上常有囊状虫瘿。总状花序，花药红色，花期4月。蒴果卵形，长约1cm，密生星状毛，果期9月。
- 习性：喜光，稍耐阴，耐修剪，耐烟尘污染。
- 植物搭配：孤植；对植；绿篱；木芙蓉 — 蚊母树。
- 附种：杨梅叶蚊母树。

（23）洒金桃叶珊瑚（山茱萸科／桃叶珊瑚属）
- 辨识要点：树冠球形或半球形，小枝绿色。单叶互生，叶肉革质，卵形，叶两面油绿有光泽，叶面有黄斑。花紫色，花小，组成顶生圆锥花序，花期3月~4月。核果熟时鲜红色，宛如珊瑚，果期11月。

- 习性：喜半阴，不耐寒。
- 植物搭配：丛植；点缀假山；地被；孝顺竹 — 洒金桃叶珊瑚+杜鹃。

（24）枸骨（冬青科 / 冬青属）

- 辨识要点：小乔木或灌木。树皮灰白色。叶互生，革质，叶顶端有3枚尖硬刺齿，叶基部两侧各具1枚大刺齿。花黄绿色，花期4月~5月。核果球形，鲜红色，果期9月。
- 习性：耐修剪，不耐寒，阳处阴处均能生长。
- 植物搭配：刺篱；孤植；对植；丛植；点缀假山。
- 附种：全缘叶枸骨。

（25）八角金盘（五加科 / 八角金盘属）

- 辨识要点：叶大，掌状7~9裂，叶柄长。伞形花序呈顶生圆锥花序，花朵小，白色，花期11月。果球形，黑色，肉质，果期翌年5月。
- 习性：喜阴，不耐寒，抗二氧化硫（SO_2）。
- 植物搭配：对植；地被；丛植。

（26）通脱木（五加科 / 通脱木属）

- 辨识要点：小乔木或灌木。高1~3.5m。茎粗壮，不分枝。叶大，互生，聚生于茎顶，叶柄粗壮，圆筒形，长30~50cm，叶掌状5~11裂。伞形花序聚生成顶生或近顶生大型复圆锥花序，花期10月~12月。果球形，熟时紫黑色，果期翌年1月~2月。
- 习性：喜光，喜温暖。
- 植物搭配：丛植；银杏 — 通脱木。

（27）含笑（木兰科 / 含笑属）

- 辨识要点：小乔木或灌木。树冠扁球形，芽、小叶、叶柄、花梗均密被黄褐色绒毛。叶革质，倒卵形。花淡黄色，浓香，开放时半开半含，花期3月~6月。果期7月~8月。
- 习性：喜半阴，耐寒，不耐旱。
- 植物搭配：盆栽；丛植；含笑 — 红花酢浆草；含笑 — 南天竹+十大功劳。

（28）棕竹（观音竹）（棕榈科 / 棕竹属）

- 辨识要点：丛生灌木，茎干直立，高1~3m。茎纤细如手指，不分枝，有叶节，叶聚生枝顶，掌状，裂片3~12枚。肉穗花序腋生，花小，淡黄色，花期4月~5月。浆果球形，种子球形，果期11月~12月。
- 分布：中国长江流域及以南地区。
- 习性：喜阴，不耐积水，不耐寒。
- 植物搭配：盆栽；丛植；地被；点缀景石；绿篱。

（29）铺地柏（柏科 / 圆柏属）

- 辨识要点：匍匐灌木。高75cm，冠幅2m，枝干贴近地面伸展，小枝密生。叶均为刺形叶，3叶交叉轮生，叶上有2条白色气孔线。
- 习性：喜光。

- 植物搭配：地被；点缀景石。
- 相似树种：沙地柏。

（30）鹿角柏（柏科／圆柏属）

- 辨识要点：丛生状，干枝向四周斜展，针叶灰绿色。
- 习性：喜阳，耐寒。
- 植物搭配：地被；点缀景石。

周恩来与蜡梅的故事

2 落叶灌木

（1）蜡梅（蜡梅科／蜡梅属）

- 辨识要点：小枝近方形。单叶对生，叶卵状椭圆形，叶端渐尖，全缘，叶表面粗糙，背面光滑无毛。花黄色，先花后叶，花期初冬至早春。蒴果口部收缩，果期7月~8月。

落叶灌木

- 习性：喜光，稍耐阴，耐寒，耐修剪，耐旱，不耐水湿，抗SO_2、Cl_2。
- 植物搭配：对植，丛植，林植；花池；花台；蜡梅 — 南天竹。

（2）木芙蓉（锦葵科／木槿属）

- 辨识要点：小乔木或灌木。叶掌状3~5裂，叶两面有毛。花大，径8cm，花先粉红色、白色后深红色，花期9月~11月。
- 习性：喜光，稍耐阴，不耐寒，抗SO_2。
- 植物搭配：绿篱；群植。

（3）棣棠（蔷薇科／棣棠属）

- 辨识要点：丛生灌木，高1.5~2m，枝条下垂。叶互生，叶缘有重锯齿。花金黄色，单生于侧枝顶端，花期4月~5月。
- 习性：喜温暖阴湿环境，不耐寒。
- 植物搭配：花篱；群植；珊瑚树 — 棣棠；桂花 — 棣棠；石楠 — 棣棠。
- 变种：重瓣棣棠。
- 相似树种：鸡麻（花白色）。

（4）紫荆（豆科／紫荆属）

- 辨识要点：小乔木或灌木。高2~4m。幼枝光滑，老枝粗糙。叶互生，近圆形，基部心脏形，叶全缘，掌状5出脉。花着生于2年生以上的枝条上，簇生，花紫红色，花先于叶开放。花期4月。荚果扁而薄，成熟时为红褐色，果期8月。
- 习性：喜光，不耐阴，耐寒，耐旱，不耐潮湿。
- 植物搭配：丛植；花篱；紫荆+碧桃+孝顺竹 — 棣棠；紫荆 — 海桐+红叶石楠+山茶。

（5）木槿（锦葵科／木槿属）

- 辨识要点：小乔木或灌木。叶菱状卵形，互生，叶端3裂，裂缘缺刻状。花色有紫、白、红色，花期6月~9月。
- 习性：喜光，耐半阴，耐旱，耐寒。
- 植物搭配：花篱；绿篱；群植；木槿 — 海桐；枫杨 — 木槿+桂花 — 阔叶麦冬。

（6）黄刺玫（蔷薇科 / 蔷薇属）

- 辨识要点：高2～3 m，枝密集，小枝细长，紫褐色或深褐色，有刺。奇数羽状复叶花单生，单瓣或重瓣，花黄色，花期5月～6月。果球形，红黄色，果期7月～8月。
- 习性：喜光，耐阴，耐寒性差。
- 植物搭配：孤植；丛植；篱植；点缀假山。

（7）结香（瑞香科 / 结香属）

- 辨识要点：高1~2m，枝3叉状，棕红色。叶倒披针形，先端急尖。花黄色，芳香，花期3月，先花后叶。核果卵形，状如蜂窝。
- 习性：喜半阴，耐日晒，不耐寒，忌积水。
- 植物搭配：孤植；丛植，对植，角隅，点缀假山。

（8）金丝桃（蔷薇科 / 金丝桃属）

- 辨识要点：半常绿，高0.6~1m。小枝圆柱形，红褐色，光滑无毛。叶无柄，叶长椭圆形，先端尖，叶表面绿色，背面粉绿色。花黄色，花瓣5枚，花柱细长，雄蕊长，花期5月~6月。
- 习性：喜光，耐阴，忌积水，耐旱。
- 植物搭配：花台；群植，花篱。

（9）八仙花（绣球花）（八仙花科 / 八仙花属）

- 辨识要点：叶对生，叶大有光泽，叶缘锯齿粗钝，叶表鲜绿色，叶背面黄绿色。伞形花序顶生，花蓝色、粉红色，花期6月~8月。
- 习性：不耐寒，耐阴，忌强光。
- 植物搭配：对植；地被；盆栽。

（10）金钟花（木犀科 / 连翘属）

- 辨识要点：枝干直立，小枝节间髓呈薄片状。叶对生，叶中部以上有锯齿。花1~3朵簇生，花淡黄色，花期3月。
- 习性：喜光，耐半阴，耐寒，耐旱、耐湿。
- 植物搭配：丛植；绿篱；榆叶梅 — 绣线菊+金钟花。
- 相似树种：连翘（枝条拱形下垂）。

（11）迎春（木犀科 / 茉莉属）

- 辨识要点：小枝细长呈拱形，有4棱。叶对生，3小叶复叶。花单生，先花后叶，花黄色，花期2月~4月。
- 习性：喜光、耐旱、耐寒。
- 植物搭配：池边、丛植；绿篱；梅花 — 迎春+南天竹
- 注 雪中四友：梅花、水仙、山茶、迎春。
- 相似树种：探春、云南黄馨。
- 检索表：1.叶互生…………………………………探春（花期6月~8月）
    1.叶对生
    2.落叶…………………………………迎春（花期2月~4月）
    2.常绿…………………………………云南黄馨（花期4月~5月）

（12）笑靥花（李叶绣线菊）（蔷薇科／绣线菊属）

- 辨识要点：小枝细长，叶披针形。花伞形花序，无总梗，花3~6朵，花重瓣，花径1cm，白色，花期3月~4月，花叶同放。
- 习性：喜光，稍耐阴，耐旱，耐寒，耐修剪。
- 植物搭配：丛植；点缀假山；对植；垂柳 — 笑靥花+金钟+夹竹桃。
- 相似树种：珍珠花、麻叶绣球；日本绣线菊(粉花绣线菊)、三裂绣线菊、柳叶绣线菊。

（13）牡丹（毛莨科／芍药属）

- 辨识要点：树皮黑灰色。叶互生，3出复叶。花单生枝顶，花色有紫、深红、粉红、黄白、豆绿，花期4月下旬~5月。
- 习性：喜温暖、干凉、阳光充足、通风干燥的独特环境、怕涝。
- 植物搭配：片植；花台；点缀湖石。

（14）海仙花（忍冬科／锦带花属）

- 辨识要点：小枝粗壮。花1~3朵腋生，聚伞花序，花初开时为淡玫瑰红或黄白色，后变深红色，花期4月~5月。蒴果柱状，种子有翅，果期9月~10月。
- 习性：喜光，稍耐阴，耐寒性不强。
- 植物搭配：丛植；绿篱；海仙花+迎春 — 冷季型混播草（黑麦草+高羊茅+早熟禾）。
- 相似树种：锦带花。

（15）贴梗海棠（皱皮木瓜）（蔷薇科／木瓜属）

- 辨识要点：枝开展，有刺。叶卵形，叶缘有锯齿，托叶大，肾形，缘有重锯齿。花3~5朵簇生2年生老枝上，花色有粉红、朱红、白色，花期3月~4月。果黄色或黄绿色，芳香，果期9月~10月。
- 习性：喜光，耐寒。
- 植物搭配：丛植；绿篱；点缀假山；黄杨 — 贴梗海棠+凤尾兰+南天竹 — 麦冬；铁梗海棠 — 云南黄馨；梅花+紫竹 — 铁梗海棠+映山红。

（16）山麻杆（大戟科／山麻杆属）

- 辨识要点：丛生，高2~3m。老枝棕色或紫红色。单叶互生，叶基部心脏形，叶缘有粗锯齿，叶幼时为红色、紫红色，后变浅绿色。花小，无花瓣，紫色，花期4月~5月，先花后叶。果圆形，果期7月~8月。
- 习性：喜光，稍耐阴。
- 植物搭配：丛植；点缀假山；山麻杆 — 木芙蓉+大叶黄杨。

（17）日本小檗（小檗科／小檗属）

- 辨识要点：幼枝红褐色，老枝灰棕色或紫色，具条棱，枝端呈针刺状。叶小，叶丛下有叶刺。花浅黄色，3~4多簇生，呈伞形花序，花期5月。果椭圆形，红色，长约1cm，果期9月。
- 习性：喜光，稍耐阴，耐修剪，耐寒。
- 植物搭配：绿篱；丛植；点缀假山。
- 变种：紫叶小檗（叶深红色）。

（18）**溲疏**（虎耳草科／溲疏属）

- 辨识要点：树干丛生。树皮薄片状剥落，小枝红褐色，叶卵形，两面粗糙。花白色，直立圆锥花序，花期5月~6月。
- 习性：喜光，稍耐阴，耐寒，耐修剪。
- 植物搭配：孤植；丛植；花篱；桂花 — 溲疏。
- 变种：重瓣溲疏（花重瓣）、彩花溲疏（花白色，表面洋红色斑点）。

（19）**四照花**（山茱萸科／四照花属）

- 辨识要点：小乔木或灌木，树形整齐。小枝细长绿色后变褐色。叶对生。花20~30朵簇生，呈球形花序，基部4枚白色花瓣状苞片，花期5月~6月。核果球形，熟时紫红色，果期9月~10月。
- 习性：喜光，稍耐阴，耐寒。
- 植物搭配：丛植；四照花 — 珊瑚树+石楠。

（20）**山茱萸**（山茱萸科／山茱萸属）

- 辨识要点：小乔木或灌木。叶对生，卵形，先端渐尖，基部圆形，侧脉6~8对。花黄色，花15~35朵簇生，呈伞形花序，有4个卵形苞片，黄绿色，花期3月~4月。果椭圆形，熟时红色，果期9月~10月。
- 习性：喜光，耐阴，耐寒性强。
- 植物搭配：丛植，山茱萸 — 海桐；山茱萸+火棘 — 红花酢浆草。

（21）**卫矛**（卫矛科／卫矛属）

- 辨识要点：小枝具2~4条硬木栓质翅。叶对生，倒卵状椭圆形，先端尖，嫩时及秋后为红色。花黄绿色，4~9朵呈聚伞花序，腋生，花期5月~6月。蒴果4裂，橙红色，果期9月~10月。
- 习性：喜光，稍耐阴，耐旱，耐寒。
- 植物搭配：绿篱；孤植；群植；点缀假山。

（22）**紫丁香**（木犀科／丁香属）

- 辨识要点：落叶灌木。单叶对生，叶圆卵形至肾形。花暗紫色，花期4月~5月。
- 习性：温带及寒带树种，耐寒，喜光。
- 植物搭配：丛植；马褂木 — 紫丁香；榉树 — 紫丁香。
- 相似树种：白丁香（花白色）。

（23）**锦鸡儿**（豆科／锦鸡儿属）

- 辨识要点：丛生，枝条细长垂软。羽状复叶，在短枝上丛生，在嫩枝上单生，叶轴宿存，顶端硬化呈针刺，托叶2裂，呈针刺。花腋生，金黄色，花期4月~5月。荚果稍扁，无毛，果期8月~9月。
- 习性：喜光，耐旱，忌湿涝。
- 植物搭配：绿篱；丛植；紫薇+山茶 — 锦鸡儿+南天竹。

（24）**天目琼花**（忍冬科／荚蒾属）

- 辨识要点：老枝和茎暗灰色，具浅条裂，小枝具明显皮孔。叶通常3裂，掌状3出脉，裂片边缘有不规则锯齿。聚伞花序复伞形，花大，白色，不孕花，花期5月~6月。核果球形，红色，果期8月~9月。

- 习性：喜光，耐阴，耐寒。
- 植物搭配：天目琼花+忍冬 — 紫叶小檗+金银花+金叶女贞。
- 相似树种：木绣球、琼花、雪球、蝴蝶树戏珠花。
- 检索表： 1.叶不裂
  2.冬芽裸露
  3.花序全为不孕花……………………………………………木绣球
  3.花序边缘为不孕花………………………………………… 琼花
  2.冬芽具1~2对鳞片
  4.花序全为不孕花………………………………………… 雪球
  4.花序边缘为不孕花 ………………………………… 蝴蝶树戏珠花
  1.叶3裂，裂片具不规则齿，掌状3出脉…………… 天目琼花

（25）羽毛枫（细叶鸡爪槭）（槭树科／槭属）

- 辨识要点：树冠开展，枝略下垂。叶片细裂，新枝紫红色，成熟枝暗红色。嫩叶艳红，叶色由艳丽转淡紫色甚至泛暗绿色，秋叶深黄至橙红色。
- 习性：中性，喜温暖气候，不耐寒。
- 植物搭配：丛植；点缀假山；羽毛枫 — 海桐+大叶黄杨；鸡爪槭+红枫 — 羽毛枫+锦绣杜鹃；桂花 — 羽毛枫+南天竹。

（26）无花果（桑科／榕属）

- 辨识要点：小枝粗壮。叶互生，常3~5裂，边缘波状，表面粗糙，背面有柔毛。花小，生于中空的花托内，形成隐头花序，花期4月~5月。果梨形，肉质，黄绿色，果期6月~11月。
- 习性：喜光，不耐寒，耐旱，抗烟尘。
- 植物搭配：孤植；丛植；点缀假山。

（三）藤本
1 常绿藤本

常绿藤本

（1）常春藤（五加科／常春藤属）

- 辨识要点：借气生根攀援。叶互生，全缘或3浅裂，伞形花序单生或2~7个顶生；花小，黄白色或绿白色，花期5月~8月。
- 习性：耐寒，耐阴。
- 植物搭配：假山、岩石、围墙、地被。
- 品种：花叶常春藤、银斑常春藤、金边常春藤、中华常春藤。

（2）叶子花（三角梅）（紫茉莉科／叶子花属）

- 辨识要点：枝具刺、拱形下垂。单叶互生。花顶生，花小，黄绿色，常3朵簇生于3枚较大的苞片内，苞片卵圆形，为主要观赏部位，花期可从11月起至翌年6月。苞片有鲜红色、橙黄色、紫红色、乳白色等。

- 习性：喜光，不耐寒。
- 植物搭配：盆栽；花架（华南地区）。

（3）**络石**（夹竹桃科／络石属）
- 辨识要点：攀援藤本。茎长达10m，有乳汁，茎赤褐色。单叶对生。聚伞花序顶生或腋生，花白色，形如风车，有浓香，花期4月~5月。
- 习性：喜光，耐阴，耐旱，忌积水，不耐严寒。
- 植物搭配：地被、假山。

（4）**油麻藤**（豆科／油麻属）
- 辨识要点：茎棕色或黄棕色，粗糙。三出羽状复叶，全缘。花大，蝶形，总状花序，下垂，深紫色，花期4月~5月。荚果扁平，木质，密被金黄色粗毛，长30~60cm，果期10月。
- 习性：喜温暖湿润气候，耐阴，耐旱，不耐寒。
- 植物搭配：棚架；绿廊；墙垣；护坡。
- 品种：白花油麻藤（花白色）。

（5）**扶芳藤**（卫矛科／卫矛属）
- 辨识要点：茎匍匐或攀援。枝密生小瘤状突起。单叶对生。聚伞花序，花绿白色，花期6月~7月。蒴果球形，淡红色，花期10月。
- 习性：耐半阴，耐旱。
- 植物搭配：地被。
- 变种：斑叶扶芳藤（叶缘白色或粉红色）、白边扶芳藤（叶边白绿色）。

（6）**南五味子**（五味子科／南五味子属）
- 辨识要点：长达4余米，全身无毛。叶椭圆形，先端渐尖。浆果球形，深红色，果期10月。
- 习性：喜阴湿环境，不耐寒。
- 植物搭配：廊架；门廊；栏杆；假山；地被。

（7）**炮仗花**（紫葳科／炮仗花属）
- 辨识要点：因花似炮仗而得名。小叶2~3枚，花橙红色，长约6厘米。多朵紧密排列成下垂的圆锥花序，花期1月~2月。
- 习性：喜光，不耐寒。
- 植物搭配：阳台、花廊、花架、门厅。

2 落叶藤本

落叶藤本

（1）**紫藤**（蝶形花科／紫藤属）
- 辨识要点：木质藤本。奇数羽状复叶，小叶7~13枚，通常9枚。花紫色，形成下垂的总状花序，花期4月~5月，花叶同放。荚果，长10~20cm，被灰色绒毛。
- 习性：喜光，略耐阴，较耐寒。
- 植物搭配：廊架、花架、凉亭。

（2）爬山虎(地锦)（葡萄科／爬山虎属）

- 辨识要点：卷须短，须端扩大呈吸盘。单叶3裂或3小叶，基部心形，缘有粗齿。入秋叶转红色。聚伞花序，花期6月。浆果球形，果期10月。
- 习性：喜阴湿，耐强光，耐寒，耐旱。
- 植物搭配：墙壁。
- 附种：五叶地锦（小叶5枚）。

（3）云实（苏木科／苏木属）

- 辨识要点：枝干，叶轴，花序均有倒钩刺，枝先端拱状下垂或攀援向上。叶二回偶数羽状复叶。假蝶形花，黄色，总状花序，花期5月~6月。荚果熟时为赤褐色，沿腹缝开裂，果期9月~10月。
- 习性：耐旱。
- 植物搭配：花架。

（4）葡萄（葡萄科／葡萄属）

- 辨识要点：树皮红褐色，条状剥落。卷须与叶对生，单叶互生，近圆形，基部心形，缘具粗齿。花小，黄绿色，圆锥花序，与叶对生，花期5月~6月。浆果球形，果期8月~9月。
- 习性：喜光，耐旱，忌涝。
- 植物搭配：棚架；门廊。

（5）中华猕猴桃（猕猴桃科／猕猴桃属）

- 辨识要点：缠绕藤本。叶互生，纸质。顶端突尖，微凹，叶缘具刺毛状细齿，叶背面密生灰棕色绒毛。花乳白色，后变黄色，具香气，花期6月。浆果卵形，有棕色绒毛，黄褐绿色，果期8月~10月。
- 习性：喜光，稍耐阴，耐寒。
- 植物搭配：花架；假山。

（6）金银花（忍冬科／忍冬属）

- 辨识要点：半常绿缠绕灌木。小枝细长，中空，左缠。树皮棕褐色，条状剥落。单叶对生，全缘，冬叶微红。花成对腋生。花冠唇形，花先白后黄，具芳香，花期5月~7月。浆果球形，熟时黑色，果期8月~10月。
- 习性：喜光，耐阴，耐寒，耐旱，耐水湿。
- 植物搭配：花架、围栏、假山、地被。

（7）凌霄（紫葳科／凌霄属）

- 辨识要点：以气生根攀援上升，茎长达10m。树皮灰褐色，细条状纵裂。小枝紫褐色。奇数羽状复叶，对生，小叶7~9枚。花由3出聚伞状花序集成顶生圆锥花序，花冠内面鲜红色，外面橙红色，钟形，花期7月~9月。
- 习性：喜光，稍耐阴，耐旱，耐寒力不强。
- 植物搭配：拱门、廊架、假山。
- 附种：美国凌霄。

（8）木通（木通科／木通属）

- 辨识要点：掌状复叶，小叶5枚，倒卵形或椭圆形，全缘。花紫色，总状花序腋生，花期4月~5月，与叶同放。果肉质，熟时紫色，沿腹缝线开裂，果期8月~9月。
- 习性：耐阴，喜温暖气候。
- 植物搭配：门廊；花架；点缀假山。
- 附种：三叶木通（小叶3枚）、白木通。

（9）南蛇藤（卫矛科／南蛇藤属）

- 辨识要点：树皮灰褐色。单叶互生，叶倒卵形，叶缘有细齿，11月开始落叶。花黄绿色，花期5月，蒴果球形，橙黄色，果期9月~10月。果黄褐色。
- 习性：耐旱，耐寒，喜光。
- 植物搭配：点缀假山、枯树；廊架。

（10）铁线莲（毛茛科／铁线莲属）

- 辨识要点：木质藤本，长1~2m。茎棕色或紫红色，具6条纵纹，节部膨大，二回三出复叶。花单生或圆锥花序，花色有蓝色、紫色、粉红色、玫红色、紫红色、白色，花期6月~9月。果期在夏季。
- 习性：耐寒，忌积水。
- 植物搭配：点缀假山；花柱，篱笆；拱门；凉亭；地被。

（11）木香（蔷薇科／蔷薇属）

- 辨识要点：半常绿攀援灌木。枝细长，小叶3~5枚。花3~15朵成伞房花序，花梗细长，花有白色、黄色，花期4月~5月，具芳香。
- 习性：喜光，耐修剪，耐寒力不强。
- 植物搭配：廊架；花格、假山。

（12）蔷薇（蔷薇科／蔷薇属）

- 辨识要点：植株丛生，蔓延或攀援。小枝细长，不直立。奇数羽状复叶，小叶5~9片，叶倒卵状长圆形，叶缘具尖锯齿。圆锥状伞房花序，花有单瓣、复瓣，花色有红、粉红、白、黄等多种，花期5月~6月。
- 习性：喜光，耐半阴，耐寒，耐旱，耐涝，耐修剪。
- 植物搭配：花架；围墙；景墙；灯柱。

影响世界的中国植物—竹子　　　竹类

（四）竹类

竹类是景观植物中的特殊类型。竹类大部分属于常绿植物，呈乔木或灌木状。少数为草本，被称为竹草。

竹类植物营养器官可分为地上和地下两部分。地上部分有竹秆、枝、叶等，竹在幼苗阶段称为竹笋；而地下部分则有地下茎、竹根、鞭根及竹秆的地下部分等。

竹类植物的地下茎是在地下横向生长的主茎，既是养分贮存和输导的主要器官，又具有分生繁殖的能力。地下茎俗称竹鞭，竹类植物的繁殖主要靠地下茎上的芽发笋成竹繁衍后代。

同一属的竹种具有相同的地下茎类型，因此地下茎是竹类植物分类的重要特征之一。人们通常把地下茎分为3种类型，即丛生型、散生型、混生型。丛生型地下茎短，不能在地下长距离蔓延生长，靠顶芽抽笋，母子相依，代代相连，最终构成密集丛生的竹丛。散生型的地下茎呈水平生长，当其延伸至相当距离后可于节上出笋而发育成竹，连年如此，可以较快地扩张成林。混生型兼有前二者的特点，既有横走的地下茎，又有缩短成堆的地下茎。

（1）孝顺竹（禾本科／簕（le）竹属）

- 辨识要点：灌木型丛生竹，地下茎合轴丛生。竹秆密集生长，秆高2～7m，径1～3cm。秆绿色，老时变黄色，梢稍弯曲。枝条多数簇生于一节，叶片线状披针形，顶端渐尖，叶表面深绿色，叶背粉白色。
- 习性：喜温暖、湿润环境，喜光，稍耐阴，耐寒。
- 植物搭配：对植；丛植；绿篱；孝顺竹+假山。
- 变种：凤尾竹（秆高1～2m，径不超过1cm）。

（2）佛肚竹（罗汉竹）（禾本科／簕竹属）

- 辨识要点：灌木型丛生竹，秆二型：正常秆圆筒形，畸形秆秆节甚密，节间比正常秆短，基部显著膨大呈瓶状。
- 习性：喜温暖湿润环境，不耐寒。
- 植物搭配：广东露地栽培，其他地区盆栽。

（3）毛竹（禾本科／刚竹属）

- 辨识要点：秆散生，高20余米，径16cm，中间节间可达40cm。枝叶二列状排列，每小枝2～3叶，叶小，披针形，长4～11cm，宽0.5～1.2cm。笋期3月下旬至4月。
- 习性：喜温暖湿润气候，耐寒。
- 植物搭配：片植；林植。

（4）刚竹（禾本科／刚竹属）

- 辨识要点：秆散生，高10～15m，径4～10cm，中间节间长20～45cm。叶带状披针形，长6～16cm，宽1～2.2cm。笋期4月上旬至5月上旬。
- 习性：耐寒。
- 植物搭配：片植；刚竹 — 杜鹃 — 紫花苜蓿。

（5）紫竹（禾本科／刚竹属）

- 辨识要点：秆散生，高3～6m，径2～4cm，新秆淡绿色，有白粉，一年后，秆渐变为紫黑色。每小枝2～3叶，叶片披针形，长4～10cm，宽1～1.5cm。笋期4月下旬。
- 习性：耐寒，耐阴，不耐积水。
- 植物搭配：紫竹+黄金间碧玉竹+碧玉间黄金竹。

（6）方竹（禾本科／方竹属）

- 辨识要点：秆散生，秆高3～8m，径1～5cm。节间下部方形，上部圆形，基部各节常有刺状气根。
- 习性：喜温暖湿润气候，喜光。
- 植物搭配：窗前；花坛；角隅；丛植；方竹+假山。

（7）阔叶箬竹（禾本科／箬竹属）

- 辨识要点：灌木状混生型。秆高1m，径5mm，节间长5~20cm，每节分枝1~3枚。小枝具叶1~3片，叶可用来包裹粽子。
- 习性：好生于水边、林缘、阴湿之地，不耐寒。
- 植物搭配：丛植；绿篱；地被；河边护岸；点缀假山。

（8）茶秆竹（禾本科／茶秆竹属）

- 辨识要点：混生型。秆高6~15m，径3cm，节间长30~40cm。
- 习性：耐寒。
- 植物搭配：窗前；丛植；温室花卉支柱，花园竹篱。

（9）菲白竹（禾本科／赤竹属）

- 辨识要点：观赏地被竹，丛生状。叶片狭披针形，绿色底上有黄白色纵条纹，有明显的小横脉，叶柄极短。
- 习性：耐寒，忌烈日，宜半阴。
- 植物搭配：地被；绿篱；点缀假石；盆栽。

（10）唐竹（四季竹）（禾本科／唐竹属）

- 辨识要点：混生型。秆高3m，径3.5cm。圆柱形，上部半圆形，细小有纵线。节间长达30~50cm，每节3分枝，每小枝3~9叶片。叶披针形，长6~22cm，宽1~3.5cm。
- 习性：喜温暖湿润气候。
- 植物搭配：列植；群植，丛植。

花开的节气—植物带你看过四季美好　　一二年生花卉

2 花卉类

（一）一二年生花卉

（1）大花马齿苋（太阳花）（马齿苋科／马齿苋属）

- 高15~20cm。
- 花色：红、淡紫和黄色。
- 花期：5月~11月。
- 应用：花坛、花境边缘。

（2）金鱼草（玄参科／金鱼草属）

- 高20~70cm。
- 花色：紫红、红、粉、白、黄。
- 花期：5月~7月，10月。
- 应用：花坛、花境。

（3）藿香蓟（菊科／藿香蓟属）

- 高30~60cm。

- 花色：紫红、红、粉、白、蓝紫色。
- 花期：4月~10月。
- 应用：花坛、花带、花境以及覆盖地面材料。

（4）鸡冠花（苋科／青葙属）

- 高15~30cm。
- 花色：紫红、红、黄、橙。
- 花期：8月~10月。
- 应用：花坛、花境。

（5）大花金鸡菊（菊科／金鸡菊属）

- 高30~60cm。
- 花色：黄色。
- 花期：6月~9月。
- 应用：花境。

（6）千日红（苋科／千日红属）

- 高20~60cm。

- 花色：紫红、红、白、黄、紫。
- 花期：6月～10月。
- 应用：花坛。

（7）石竹（石竹科／石竹属）

- 高30～50cm。
- 花色：粉、白、红。
- 花期：5月～9月。
- 应用：花境、花坛。

（8）凤仙花（凤仙花科／凤仙花属）

- 高20～30cm、40～60cm。
- 花色：白、粉、红、紫、杂色、条纹、斑点。
- 花期：6月～8月。
- 应用：花坛、花境、花丛、花带。

（9）矮牵牛（茄科／矮牵牛属）

- 高20cm、30～40cm。
- 花色：白、粉、红、紫。
- 花期：春播4月～6月，秋播8月～10月。
- 应用：花坛、盆栽。

（10）美女樱（马鞭草科／马鞭草属）

- 高30～40cm。
- 花色：白、粉、红、蓝紫、紫红。
- 花期：5月～10月。
- 应用：花坛、花境、树池边缘。

（11）高雪轮（石竹科／蝇子草属）

- 高60cm。
- 花色：淡红色、玫瑰色、白色。
- 花期：5月～6月。
- 应用：花坛、花境、片植。

（12）雏菊（菊科／雏菊属）

- 高15～20cm。
- 花色：白、粉、紫。
- 花期：4月～6月。
- 应用：花坛、盆栽。

（13）毛蕊花（玄参科／毛蕊花属）

- 高200cm。

- 花色：黄色。
- 花期：5月～6月。
- 应用：花境及背景材料。

（14）虞美人（罂粟科／罂粟属）

- 高50～80cm。
- 花色：深红、紫红、洋红、粉红、白。
- 花期：4月～5月。
- 应用：花坛、花带或成片配植。

（15）金盏菊（菊科／金盏菊属）

- 高30～40cm。
- 花色：黄、橙。
- 花期：4月～6月。
- 应用：花坛、花境。

（16）三色堇（堇菜科／堇菜属）

- 高10～25cm。
- 花色：紫红、白、黄、紫堇。
- 花期：4月～5月。
- 应用：花坛、盆栽。

（17）紫罗兰（十字花科／紫罗兰属）

- 高30～50cm。
- 花色：紫。
- 花期：春播6月～8月，秋播4月～5月。
- 应用：花坛、花境、花带。

（18）彩叶草（唇形科／彩叶草属）

- 高30～50cm。
- 叶色：黄、红、紫、橙、绿。
- 花期：观叶。
- 应用：花坛。

（19）地肤（藜科／地肤属）

- 高50cm。
- 叶色：嫩绿色，秋季变红。
- 花期：观叶。
- 应用：花坛、花境、花丛、花群。

（20）矢车菊（菊科／矢车菊属）

- 高30cm、60～90cm。
- 花色：蓝、红、紫、白。
- 花期：4月～6月。

· 应用：花坛、花境、盆栽、地被。

（二）宿根花卉

宿根花卉

（1）大花金鸡菊（菊科／金鸡菊属）
· 高10～80cm。
· 花色：金黄色。
· 花期：7月～10月。
· 应用：花坛中心，篱旁行植或片植。

（2）唐松草（毛茛科／唐松草属）
· 高60～70cm。
· 花色：乳白。
· 花期：7月。
· 应用：花坛、花境，常片植、丛植或带植。

（3）桔梗（桔梗科／桔梗属）
· 高30～100cm。
· 花色：蓝、白。
· 花期：6月～9月。
· 应用：花坛、花境、岩石园。

（4）黄花绿绒蒿（罂粟科／绿绒蒿属）
· 高80～100cm。
· 花色：黄色。
· 花期：7月～8月。
· 应用：岩石园或花坛配植。

（5）火炬花（百合科／火把莲属）
· 高40～50cm。
· 花色：红、橙、黄。
· 花期：6月～7月。
· 应用：花坛、片植或作背景栽培。

（6）花叶如意（菊科／大吴风草属）
· 高30～60cm。
· 花色：黄色。
· 花期：秋季。
· 应用：庭园、花坛、岩石园。

（7）筋骨草（唇形科／筋骨草属）
· 高20～40cm。
· 花色：蓝色、稀粉红色、白色。

· 花期：3月～7月。
· 应用：花境、花坛。

（8）蜀葵（锦葵科／蜀葵属）
· 高2m。
· 花色：紫红、红、粉、白。
· 花期：6月～8月。
· 应用：背景材料，或成丛、成行栽植。

（9）紫茉莉（紫茉莉科／紫茉莉属）
· 高100 cm。
· 花色：黄色、白色、红色。
· 花期：6月～9月。
· 应用：花坛、花境、林缘配植。

（10）鸢尾（鸢尾科／鸢尾属）
· 高30～40cm。
· 花色：蓝紫色。
· 花期：4月～5月。
· 应用：地被、花境。

（11）萱草（萱草科／萱草属）
· 高30cm、60～100cm。
· 花色：黄色、橙色。
· 花期：6月～8月。
· 应用：地被、花境。

（12）红花酢浆草（酢浆草科／酢浆草属）
· 高15～25cm。
· 花色：红色。
· 花期：4月～11月。
· 应用：花坛、地被。
· 变种：紫叶酢浆草、白花酢浆草。

（13）四季秋海棠（秋海棠科／秋海棠属）
· 高20～25 cm。
· 花色：红、粉红、白。
· 花期：5月～10月。
· 应用：花坛、花境、吊盆、栽植槽、窗箱、室内布置。

（14）玉簪（百合科／玉簪属）
· 高30～50 cm。
· 花色：白。

- 花期：6月～9月。
- 应用：地被、花境。

（15）马蔺（鸢尾科／鸢尾属）
- 高30～50cm。
- 花色：蓝色。
- 花期：5月～6月。
- 应用：地被、花境。

（16）锦葵（锦葵科／锦葵属）
- 高60～100cm。
- 花色：紫红色、白色。
- 花期：6月～10月。
- 应用：花境、林缘、背景栽植。

（17）芍药（毛茛科／芍药属）
- 高60～120cm。
- 花色：白、黄、粉、红、紫。
- 花期：5月。
- 应用：花坛、花境、专类园、草坪边缘、路缘。

（18）沿阶草（百合科／沿阶草属）
- 高10～30cm。
- 花色：淡紫、白。
- 花期：5月～8月。
- 应用：地被、花坛花境镶边、林缘、点缀山石。

（19）麦冬（百合科／麦冬属）
- 高100cm。
- 花色：浅紫色、白色。
- 花期：8月～9月。
- 应用：地被、花坛花境镶边、林缘。

（20）荷包牡丹（罂粟科／荷包牡丹属）
- 高30～60cm。
- 花色：粉红。
- 花期：4月～6月。
- 应用：花境、花坛、地被、丛植。

（三）球根花卉

（1）葱兰（石蒜科／葱兰属）
- 高15~25cm。
- 花色：白色。
- 花期：7月～10月。
- 应用：花坛、花境、林下配植、树池边缘。

（2）石蒜（石蒜科／石蒜属）
- 高30～60cm。
- 花色：红、白、黄、粉。
- 花期：9月～10月。
- 应用：地被。

（3）欧洲水仙（石蒜科／水仙属）
- 高30～40cm。
- 花色：黄、淡黄。
- 花期：3月～4月。
- 应用：花境、林缘。

（4）郁金香（百合科／郁金香属）
- 高30～50cm。
- 花色：白、粉红、洋红、紫、褐、黄、橙、绿斑。
- 花期：4月～5月。
- 应用：花坛、花境、带状栽植。

（5）风信子（百合科／风信子属）
- 高15～25cm。
- 花色：紫红、红、粉、白、橙。
- 花期：2月～3月。
- 应用：花坛、盆栽。

（6）蛇鞭菊（菊科／蛇鞭菊属）
- 高30～60cm。
- 花色：紫红、淡紫。
- 花期：7月～9月。
- 应用：花境、花坛。

（7）花贝母（百合科／贝母属）
- 高70cm。
- 花色：紫红色、橙红色、深褐色。

球根花卉

- 花期：4月～5月。
- 应用：地被、盆栽

（8）**大花美人蕉**（美人蕉科/美人蕉属）
- 高1～1.5m。
- 花色：乳白、黄、橘红、粉红、大红至红紫色。
- 花期：6月～10月。
- 应用：花坛、花境，常片植、丛植或带植。

（9）**大丽花**（菊科/大丽花属）

- 高20～40cm、60～150cm。
- 花色：红、粉、紫、白、黄、橙、复色。
- 花期：6月～10月。
- 应用：花坛、丛植、盆栽。

（10）**大花葱**（百合科/葱属）
- 高50～60cm。
- 花色：红。
- 花期：5月～7月。
- 应用：花境、林缘、花坛。

影响世界的中国
植物—荷花

（四）水生花卉

（1）**荷花**（莲花）（睡莲科/睡莲属）
- 特征：挺水植物。地下根状茎横卧泥中，称藕。叶盾状圆形，全缘或波浪状，叶脉辐射状。荷花根据栽培目的的不同分为3种类型：以观花为目的为花莲，以产藕为目的为藕莲，以产莲子为目的为子莲。
- 花色：红、粉、白、淡绿。
- 花期：6月～9月。
- 应用：水面。

水生花卉

（2）**睡莲**（睡莲科/睡莲属）
- 特征：浮水植物。叶丛生，具细长柄，浮于水面。叶圆形或卵圆形，浓绿色，叶背紫红色。花午后开放。
- 花色：白、紫、红、黄、粉红。
- 花期：6月～9月。
- 应用：水面。

（3）**香蒲**（水烛）（香蒲科/香蒲属）
- 特征：浮水植物。高1.3～2m。叶片条形，长40～70cm，宽0.4～0.9cm。4月～9月开花，花期长，花茎直立，穗状花序呈蜡烛状；花期6月～7月，果期8月～10月。
- 花色：黄绿色、褐色。
- 花期：6月～7月。
- 应用：池畔。

（4）**黄菖蒲**（黄花鸢尾）（鸢尾科/鸢尾属）
- 特征：叶长剑形，长60～100cm，中肋明显，具横向网脉。
- 花色：深黄色、白色、斑叶。
- 花期：5月～6月。

· 应用：池畔。

（5）千屈菜（千屈菜科 / 千屈菜属）

· 特征：挺水植物。株高1m左右，茎四棱形，直立多分枝，叶对生或轮生，披针形。较耐寒，南北方均可室外越冬。

· 花色：紫红色，穗状花序。

· 花期：5月~9月。

· 应用：河岸、湿地、水溪浅水区栽培。

（6）水葱（莎草科 / 藨草属）

· 特征：挺水观叶植物。株高1~2m，茎秆高大通直，很像可食用的大葱。叶片线形。

· 花色：棕色。

· 花期：6月~9月。

· 应用：沟渠、池畔、湖畔浅水中。

（7）旱伞草（风车草）（莎草科 / 莎草属）

· 特征：挺水观叶植物，主秆高0.5~1.5m，茎秆粗壮直立，近圆柱形，丛生。叶片螺旋状排列于茎秆的顶端，扩散呈伞状。叶片披针形，叶长8~16mm。

· 花色：淡紫色。

· 花期：花期不定。

· 应用：溪边；假山；石隙点缀。

（8）再力花（竹芋科 / 塔利亚属）

· 特征：挺水植物。叶卵状披针形，浅灰蓝色，边缘紫色。复总状花序，花小。全株附有白粉。喜温暖水湿、阳光充足的气候环境，不耐寒，入冬后地上部分逐渐枯死，以根茎在泥中越冬。

· 花色：紫堇色。

· 花期：6月~10月。

· 应用：庭园水景边缘种植、多株丛植、片植，孤植。

（9）梭鱼草（雨久花科 / 梭鱼草属）

· 特征：挺水植物。叶柄绿色，圆筒形，叶片大，长10~20cm。花葶直立，高出叶面。

· 花色：紫色。

· 花期：5月~10月。

· 应用：盆栽、庭园水景边缘种植、多株丛植、片植，孤植。

（10）王莲（睡莲科 / 王莲属）

· 特征：浮水植物，叶圆形，直径1~2.5m，叶表面绿色，叶背面紫红色。

· 花色：初开白色，翌日淡红色至深红色。

· 花期：夏秋每日下午至傍晚开放，次晨闭合。

· 应用：水面。

3 观赏草坪类

（一）暖季型草坪

（1）狗牙根（禾本科/狗牙根属）

暖季型草坪

- 习性：耐高温、耐旱、耐水湿、耐践踏、不耐寒、不耐阴。
- 应用：公园、游憩草坪、护坡草坪、运动场草坪、放牧草坪、高尔夫球场球道及障碍区草坪。
- 同属种：天堂草。

（2）结缕草（禾本科/结缕草属）

- 习性：耐高温、耐寒、耐干旱、耐践踏、耐瘠薄、不耐阴、长江流域绿色期260天左右。
- 应用：结缕草与假俭草、天堂草混播，公园，庭园，运动场，固土护坡、水土保持草坪。
- 同属种：大穗结缕草、中华结缕草、沟叶结缕草、细叶结缕草。

（3）野牛草（禾本科/野牛草属）

- 习性：耐热、耐寒、耐旱、不耐湿、不耐阴。
- 应用：公园、庭园、居住区、护坡草坪。

（4）地毯草（禾本科/地毯草属）

- 习性：不耐寒、不耐旱、耐半阴、耐践踏。
- 应用：游憩草坪。

（5）马蹄金（旋花科/马蹄金属）

- 习性：耐热、耐干旱、不耐湿、长江流域绿色期300天、耐践踏、修剪高度2.5~4cm。
- 应用：观赏草坪、小型活动草坪、公园、居住区草坪。

（二）冷季型草坪

（1）草地早熟禾（禾本科/早熟禾属）

冷季型草坪

- 习性：极耐寒、不耐旱、不耐炎热、较耐践踏、修剪高度2~4cm。
- 应用：公园、庭园、居住区、高尔夫球场、足球场等各类绿地。
- 同属种：普通早熟禾、加拿大早熟禾、一年生早熟禾、林地早熟禾。

（2）高羊茅（禾本科/羊茅属）

- 习性：较耐寒、较耐热、耐旱、耐潮湿、耐半阴、耐践踏、不耐低剪，修剪高度6~8cm。
- 应用：赛马场、飞机场、足球场、高尔夫球场球道、庭园草坪。
- 同属种：羊茅、紫羊茅。

（3）匍匐剪股颖（禾本科/剪股颖属）

- 习性：耐低剪，可剪至0.5cm，较耐湿、耐寒、不耐践踏、不耐炎热。
- 应用：高尔夫球场、观赏草坪。

（4）多年生黑麦草（禾本科/黑麦草属）

- 习性：不耐炎热、不耐干旱、不耐阴、耐践踏、较耐湿、耐寒。

· 应用：用于狗牙根、百慕大等暖季型草坪的秋冬复播；多年生黑麦草与早熟禾混播；多年生黑麦草与高羊茅混播。

（5）白三叶（豆科／三叶草属）

· 习性：耐寒、不耐干旱、稍耐湿、耐半阴。

· 应用：白三叶、黑麦草与野牛草混播；观赏草坪；公园、庭园、居住区各类绿地。

4 室内观赏植物类

（一）观花植物（见表2.2）

表2.2 观花植物

植物	科	属	花期	花色	花语
春兰	兰	兰	2月~4月	浅黄绿色，绿白色，黄白色	友谊
君子兰	石蒜	君子兰	2月~4月	橘黄	谦谦君子、温和有礼
大花蕙兰	兰	兰	12月~翌年3月	白、黄、绿、紫红、	丰盛祥和、高贵雍容
蝴蝶兰	兰	蝴蝶兰	4月~6月	玫红、白	仕途顺畅、幸福美满
文心兰	兰	文心兰		黄、棕、白、红	隐藏的爱
仙客来	报春花	仙客来	12月~翌年4月	白、粉、玫红、大红、紫红	喜迎贵客
马蹄莲	天南星	马蹄莲	6月~8月	白、红、粉、黄	忠贞不渝、永结同心
茉莉花	木犀	素馨	6月~10月	白（花芳香）	忠贞、清纯、迷人

居住空间的植物
装饰设计

（二）观叶植物（见表2.3）

表2.3	观叶植物		
植物	**科**	**属**	**主要特征**
肾蕨	骨碎补	肾蕨	株形直立丛生，复叶深裂
鸟巢蕨	铁角蕨	巢蕨	株形呈漏斗状或鸟巢状，叶簇生，辐射状排列于根状茎顶部
孔雀竹芋	竹芋	肖竹芋	叶上有深浅不同的绿色斑纹，叶背部多呈褐红色
花叶万年青	天南星	花叶万年青	叶两面绿色，叶上密集不规则的白色、淡黄色的斑点和斑块
龟背竹	天南星	龟背竹	在叶脉间呈龟甲形散布长圆形的孔洞和深裂，形状似龟甲
文竹	百合	天门冬	枝干有节似竹，叶片轻柔、纤细，羽毛状
鹅掌柴	五加	鹅掌柴	掌状复叶，小叶5～9枚
网纹草	爵床	网纹草	叶面密布红色或白色网脉
绿萝	天南星	绿萝	常绿藤本，绿色的叶片上有黄色的斑块
印度橡皮树	桑	榕	叶互生，厚革质，椭圆形，全缘，亮绿色。幼芽红色
冷水花	荨麻	冷水花	叶面上有白色对称的花纹
变叶木	大戟	变叶木	叶片上常具有白、紫、黄、红色的斑块和纹路
马拉巴栗	木棉	瓜栗	掌状复叶，小叶5～7枚，枝条多轮生，俗称"发财树"
富贵竹	龙舌兰	龙舌兰	叶长披针形，浓绿，品种有绿叶、银边、金边、银心
一叶兰	百合	蜘蛛抱蛋	叶自根部抽出，直立向上生长，并具长叶柄、叶绿色
一品红	大戟	大戟	最顶层的叶红色或白色
红掌	天南星	花烛	花蕊长，周围是红色、粉色或白色的苞片
薄荷	唇形	薄荷	叶对生，叶缘有锯齿，侧脉5～6对
春羽	天南星	林芋	叶片巨大，呈粗大的羽状深裂
吊兰	百合	吊兰	叶簇生，似花朵，枝条细长下垂，夏季开小白花，花蕊黄色
彩叶凤梨	凤梨	凤梨	叶丛呈漏斗状，花茎从叶丛中心抽出，苞片鲜红色、橙红色
吊竹梅	鸭跖草	吊竹梅	叶面紫绿色而杂以银白色，叶缘有紫色条纹，叶背紫红色
散尾葵	棕榈	散尾葵	单叶，羽状全裂，长40～150cm，叶柄稍弯曲，先端柔软
虎尾兰	龙舌兰	虎尾兰	叶片直立，叶面有灰白和深绿相间的虎尾状横带斑纹

知 识 拓 展

室内观花植物

春兰　　君子兰

大花蕙兰　　蝴蝶兰

文心兰　　仙客来

马蹄莲　　茉莉花

室内观叶植物

肾蕨

鸟巢蕨

孔雀竹芋

花叶万年青

龟背竹

文竹

鹅掌柴

网纹草

室内观叶植物

绿萝　　　　　　　　　印度橡皮树

冷水花　　　　　　　　　变叶木

马拉巴栗　　　　　　　　富贵竹

一叶兰　　　　　　　　　一品红

室内观叶植物

红掌

薄荷

春羽

吊兰

彩叶凤梨

吊竹梅

散尾葵

金边虎尾兰

★★★ 学习总结 ★★★

重点 常见景观植物的名称、植物的规格。

难点 植物的辨识要点、植物搭配、习性。

思考
❶ 列举5种耐阴植物。

❷ 分别写出四季开花植物各5种。

❸ 分别写出红色花系、黄色花系、蓝色花系、白色花系的植物各5种。

❹ 冷季型草坪与暖季型草坪有何区别？

实训练习

❶ 上网收集各类型景观植物的图片。

❷ 调查校园、植物园的植物，并撰写调研报告。

各类植物的种植设计

学习目标

❶ 了解各类植物种植设计的景观及功能价值
❷ 掌握各类植物的常用种植设计形式
❸ 学习在不同条件下合理运用不同的种植设计形式

学习内容

理论内容： 本章介绍了景观中主要的种植设计形式，包括乔灌木的种植设计（孤植、对植、列植、丛植、群植、林植、篱植）、花卉的种植设计（花坛、花境、其他运用形式）、地被与草坪的种植设计（地被、草坪）、藤本植物的种植设计（廊架式、篱垣式、墙面式、立柱式、匍地式）。
实践内容： 设计节庆模纹花坛。

学习单元 3

学习单元3思维导图

1 乔灌木的种植设计

乔灌木在景观中的应用形式多、数量大，常见的形式有孤植、对植、列植、丛植、群植、林植、篱植等。

1 孤植

孤植是指单独种植一株树木，或栽植几株同种树木使其紧密地生长在一起从而表现单株效果的种植形式。其主要功能是形成主景、提供庇荫，有时也作为背景或配景出现。

乔灌木的种植设计

关于孤植应注意以下几点：❶ 为了保证树冠、根系有足够生长空间，也为了给游人提供比较合适的观赏点、观赏视距及活动空间，孤植树一般种植在相对开阔的环境，例如空旷的草地、广场，宽阔的湖池岸边等。这些环境以天空、水面、草地、铺装等低矮、简洁的背景衬托孤植树在形体、姿态、色彩等方面的特色，从而取得更好的效果。❷ 孤植树虽能独立成景，但并非与环境毫无联系。孤植树在体量、姿态、色彩、质感、方向等各方面都应与周围环境景物的形式与功能相联系。

▲ 陈毅故居墙角鸡爪槭孤植

孤植主要体现树木的个体特色，如优美的姿态、丰富的色彩或其他独特的价值。因此，一般选择挺拔雄伟、冠大荫浓、枝叶茂盛的树种，如雪松、香樟、悬铃木、七叶树、重阳木、榕树、榔榆等；或者选择色彩丰富、花果繁茂、芳香浓郁的树种，如银杏、金钱松、榉树、无患子、乌桕、广玉兰、桂花、合欢等；还可利用古树名木、有特殊意义的植物作孤植处理。

▲ 香樟孤植

2 对植

对植是指按一定的轴线关系，对称或均衡地种植两株树木或具有两株整体效果的两组树木的种植形式。其主要功能

▲ 孤植树与环境的协调

▲ 邓小平手植树

是作配景、夹景以烘托主景，或加强透视，增加景观的层次感。

▲ 建筑两侧对植

▲ 中山陵博爱坊入口处对植棕竹

对植有对称式和非对称式两种形式：❶ 对称式对植又称静态均衡式对植，是利用同一树种、同一规格数量的树木在主题景物轴线两侧作对称布置。由于树种相同、规格数量一致，且轴线对称，所以这种对植会产生庄重、规整、严谨的审美感受，使用时要注意与所处环境氛围的协调，可用于纪念性建筑、小品两侧，规则式绿地、道路入口处等，譬如，中山陵博爱坊入口处运用了棕竹对植。❷ 非对称式对植又称动态均衡式对植，是在轴线两侧种植树种相同、规格数量不同的树木，甚至轴线两侧树种也不完全相同的种植方式。这种对植虽然树种、规格、数量并不完全一致，但通过合理构图、艺术化处理也能达到均衡效果，并产生活泼、自由、灵动的审美感受，其应用十分广泛。

对植树木的选择一般要求姿态美观、花叶娇美。对称式对植多选择冠形比较整齐的树种，如雪松等，也可选择便于整形修剪的树种，如桧柏等。非对称式对植树种选择相对宽松，关键在于合理地搭配应用。

▲ 对称式对植平面图　　　　　▲ 非对称式对植平面和立面图

3 列植

列植是指乔灌木按一定的间距，成列（行）地种植形成树列（行）。列植景观整齐、单纯、有韵律、有气势，常起到引导视线、提供遮荫、作背景或树屏、烘托气氛等作用，较多地用于道路沿线、滨河沿岸、建筑物旁、围墙边缘、居住区绿地、广场、工矿企业附属绿地等环境。

树列有多种形式：❶ 若按间距来分，树列有等距树列和不等距树列两种，前者如规则的行道树种植，后者则相对自然。无论是等距还是不等距的树列，都要注意根据树木种类和所需要的郁闭程度来确定间距。一般来讲，大乔木株距为5~8m，中小乔木株距为3~5m；大灌木株距为2~3m，小灌木株距为1~2m。❷若按树种来分，树列又有单纯树列和混合树列之分。单纯树列仅用一种树木进行排列种植，具有强烈的统一感、方向性，种群特征鲜明；混合树列运用两种及以上树木相间排列种植，节奏韵律感强、景观效果丰富。值得注意的

▲ 樱花树列

是，较短的树列宜使用单纯树列，即使选择两种也宜乔灌搭配、一高一低；混合树列树种也不宜过多，一般不超过3种，过多容易杂乱缺乏统一感，从而破坏艺术表现力。

在树种选择方面，一般选择树冠较整齐、个体差异小或耐修剪的树种。如果是行道树这种特殊的树列，则要求冠大荫浓、生长健壮、适应性强、不易倒伏且无污染的树种。常见行道树种有：广玉兰、国槐、雪松、香樟、悬铃木、栾树、榉树、榔榆、水杉、鹅掌楸、七叶树、大王椰子、假槟榔、凤凰木、银杏等。

银杏景观

4 丛植

丛植是一种由两株至十几株同种或不同种的乔灌木按照一定规律组合种植的形式。丛植形成的树丛可做主景也可作配景。作主景时四周要有开阔的空间和通透的视线，或栽植点位置要高，以此使树丛突出，例如栽植于草坪、水边、湖心小岛形成视线焦点。作配景时可与假山、雕塑、建筑及其他园林设施小品组合。有时，树丛还可作背景。在周总理的故乡淮安的周恩来纪念馆，铜像广场周围丛植了大片海棠花，以此强调对总理的缅怀和追忆。

▲ 紫叶李丛植

▲ 雪松丛植

▲ 周恩来纪念馆广场上绿地中丛植西府海棠

树丛是一个综合体，既表现树木的个体美更体现整体美，在配置时应遵循多样统一法则。如果所选树木是同种，则植株在体量、树姿、动势、色彩、栽植距离上要有所不同，即在统一的基础上寻求对比、差异。如果所选树木不同种，则尤其要注意所选植物的观赏价值与生态习性的合理搭配，使乔木与灌木、落叶与常绿、观叶与观花（果）、喜阳与耐阴的不同种植物最终取得平衡、协调、统一。

丛植的基本形式如下所示。

（1）两株丛植

可用同种或者不同种但外观相似的两株树木（如桂花和女贞同科不同属，但外观有相似之处，配置在一起就比较容易调和）。

（2）三株丛植

可同种或两种（若两种，也宜同为乔木、灌木、落叶或常绿；且最好是大中者为一种，小的为另一种并靠近大的），不宜三株各用一种树木。我们在具体配置时应注意三株树木的平面立体构图，忌种植点在一条直线上，忌种植点形成等边三角形。

三株丛植

（3）四株丛植

可以是3+1式，或者是2+1+1式，一般不用2+2式。树木选择可以用同种也可以用两种。若树木外观极相似也可超过两种，但原则上四株的组合不要乔灌木混用。若用同种树木，则最大一株或最小一株都不宜落单；若是不同种树木，且三株为一种，一株为另一种，则这另一种不宜最大或最小，也不宜落单。

四株丛植

（4）五株丛植

可以拆分成3+2式，或者4+1式。树木选择和平面布置上与四株丛植原理类似。一般株数多的组合为主体，其他为陪衬，要做到主次分明、变化又统一。

五株丛植

（5）六株及以上至十几株的丛植

即为两株、三株、四株、五株基本形式的组合变化。树种运用上一般株数越少树种也应越少，株数增多可稍增加树种，但总体不宜超过5种，外形十分相似的可增加种类。总体上要丰富但不能杂乱。

六株丛植

八株丛植

▲ 六株丛植、八株丛植

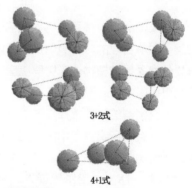

3+2式

4+1式

▲ 五株丛植

▲ 三株丛植

3+1式

2+1+1式

▲ 四株丛植

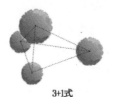

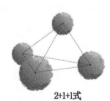

5 群植

　　群植是二三十株至上百株左右的乔灌木成群配置的种植形式。群植组成较大面积的树群，体现树木较大规模的群体形象美（色彩、形体等），在功能上可防止强风吹袭，供游人纳凉歇脚，还可遮挡绿地周围不美观的部分。

　　群植有两种形式：单一树种形成单纯树群，这种树群景观特色鲜明，整体感强；多种树种形成混交树群，这是群植的主要形式，具有层次丰富、景观多姿、稳定持久的优点。

▲ 梅花群植

▲ 嘉兴南湖烟雨楼的混交树群

　　混交树群具有多层结构，通常包括5层即乔木层、亚乔木层、大灌木层、小灌木层以及地被层。树群各层的分布原则是，乔木层位于树群中央，其四周是亚乔木层，大小灌木层位于树群最外缘，地被植物位于树群底层。这种空间分布满足各层树木对光照等条件的要求，同时各层均可显露各自的观赏特征。

　　混交树群的树种选择需考虑到其生态习性及观赏价值，使得每种植物占据不同生态位，各得其所又各有所赏：乔木层多阳性树种，且树冠姿态优美，冠际线富于变化；亚乔木层为稍耐阴的阳性树或中性树，最好开花繁茂或具有艳丽的叶色；灌木层多用半阴性或阴性树种，以花灌木为主，适当点缀常绿灌木；地被层多为管理粗放的多年生花卉，若在寒冷地区，相对喜暖的树种则应布置在树群南侧或东南侧。

　　混交树群种类也不宜过多，总体不宜超过10种，以免杂乱。树群规模也不宜太大，其外缘投影轮廓线长度一般不超过60m，长宽比不大于3∶1。北京陶然亭标本园采用了混交树群的种植方式。其中，乔木层为馒头柳、垂柳、河北杨、黑杨，亚乔木层为榆叶梅，灌木层为连翘，三层复层群落。

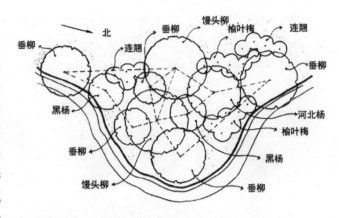

▲ 北京陶然亭标本园混交树群案例

6 林植

凡成片、成块栽植乔灌木以构成林地和森林景观的被称为林植。林植多用于大面积公园的安静休息区、风景游览区、休疗养区以及生态防护林区等。

根据树林的郁闭度可分为密林和疏林：**❶** 密林的郁闭度在0.7~1.0，阳光透入林下有限，所以土壤湿度较大，地被植物含水量高、组织柔软、不耐践踏，不便于游人活动。根据树种类型，密林又可分为单纯密林和混交密林。前者简洁壮观，但层次单一、缺乏景观季相变化；后者景观丰富且有较强的抵御自然灾害和病虫害的能力。综合来看，混交密林比单纯密林更为适宜。

❷ 疏林的郁闭度在0.2以下，多为单纯乔木林，也可配植一些花灌木，明朗舒适、适合游憩。园林绿地中，疏林常与草地结合，又称疏林草地。疏林草地作为一种常见的绿化形式，因景色优美且适合开展休息、野餐、摄影、看书等各种活动而广为游人喜爱。疏林草地的树种应有较高的观赏价值，要树冠开展、生长健壮、树姿优美；种植要做到疏密有致、有断有续。林下草坪要选择含水量少、耐践踏的草种以供游人活动。疏林草地一般不修建园路，但如果林下使用的是观赏为主的花卉植物，则应布置园路。

▲ 密林：白桦林

▲ 疏林

7 篱植

篱植是将同一种树木（多为灌木）近距离密集栽植成篱状。篱植可用于界定范围、组织空间、装饰镶边或作为喷泉雕塑小品的背景或遮挡不利景观。

篱植根据修剪方式可分为规则式、自然式，根据材料的观赏特性可分为叶篱（常绿、彩叶、落叶）、花篱、果篱、刺篱、编篱等，见表3.1。

绿篱

表3.1	绿篱分类及植物选择
分类	**植物选择**
常绿篱	大叶黄杨、黄杨、千头柏、瓜子黄杨、龟甲冬青、侧柏、鹅掌柴、珊瑚树、罗汉松
彩叶篱	金边黄杨、洒金千头柏
落叶篱	迎春、金钟、连翘、金丝桃、卫矛
花篱	栀子花、油茶、月季、杜鹃、六月雪、榆叶梅、麻叶绣球、笑靥花、溲疏、木槿、海仙花

续表

分类	植物选择
果篱	紫珠、南天竹、枸杞、枸骨、火棘、荚蒾、天目琼花、无花果
刺篱	枸桔(枳)、柞木、花椒、云实、石榴、小檗、紫叶小檗、刺柏、椤木石楠

植篱根据高度则可分为以下4类。❶ 绿墙，高度1.6m以上，这个高度一般超过人的视高，故多用于阻挡视线，分割空间或作背景。❷ 高篱，高度1.2~1.6m，一般难以跨越，主要用作界限或作为建筑的基础种植。❸ 中篱，高度0.5~1.2m，一般不易跨越，常用作场地边界划分、围合，绿地空间分割及绿化装饰。❹ 矮篱，0.5m以下，由于高度较低，常人可轻易跨越，所以主要用于象征性的空间界限和绿化装饰。

▲ 绿墙

▲ 矮篱

篱植所用材料宜用小枝萌芽力强、分枝密集、耐修剪、生长速度慢的植物。对于花篱、果篱而言，一般选择叶小而密、花小而繁、果小而多的种类。

打造别样绿篱景观

2 花卉的种植设计

花卉种类繁多、习性各异，按形态特征可分为草本花卉（一二年生草本花卉、宿根花卉、球根花卉及一些多肉类植物）和木本花卉；按花卉应用形式主要可分为花坛、花境和花丛、容器种植花卉等。

花卉的种植设计　　花坛

1 花坛

花坛是在种植床内（也可用盆栽花卉组摆，摆脱了种植床的限制）对观赏花卉作规则式种植的运用形式，也是形成的花卉群体的总称。花坛多用一二年生花卉，也可部分使用宿根、球根花卉及少量木本植物。通过合理配置这些植物，形成图案和色彩兼美的景观。

根据数量和形式，花坛可分为独立花坛和组群花

▲ 独立花坛外轮廓形状

坛：❶ 独立花坛一般位于场地中心，是绿地局部的主景。其外轮廓多为几何形，如圆形、椭圆形、方形、三角形、六边形等，平面形式多为中心对称或轴对称，可供多面观赏，但封闭不可进入。❷ 组群花坛是多个花坛按一定的空间序列展开，各个花坛可以形状、大小、内容不同，但最终要形成统一整体。

实操：绘制花坛平面图

繁花似锦庆百年——主题立体花坛设计

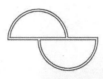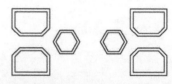

▲ 组群花坛外轮廓形状

花坛根据景观特点不同可以分为盛花花坛、模纹花坛、造型花坛等。❶ 盛花花坛又称花丛花坛，是以观花草本植物花朵盛开时的群体色彩美为表现主题的花坛。植物材料的选择要求花开繁茂、高矮整齐、花期一致且较长。❷ 模纹花坛又称毛毡花坛，是以不同色彩的观叶植物或花叶兼美的草本植物以及常绿小灌木组成精美图案纹样为表现主题的花坛。一般选择生长缓慢、植株低矮、枝叶细密、萌蘖性强、耐修剪的植物。❸ 造型花坛，是一种有生命的艺术，通过运用草本植物种植在立体构架上，形成植物造型，是集技术和艺术的综合展示。2021年是中国共产党成立一百年，绿地中出现了很多表达百年主题的造型花坛。上海人民广场中央的"光辉伟业"立体花坛，为庆祝百年营造出庄重、喜庆的节日气氛。2020年北京天安门广场中的花坛将造型花坛、盛花花坛相结合，以喜庆的花果篮为主景，花坛底部利用红色花卉构成10颗红心，寓意全国各族人民紧密团结，为实现中华民族伟大复兴的中国梦而努力奋斗。

▲ 天安门广场中的花坛

▲ 模纹花坛

2 花境

花境是花卉运用由规则式向自然式过渡的一种形式，其外轮

花境

▲ 上海人民广场"光辉伟业"造型花坛

廊较为规整，而内部则成丛成片，自由多变。花境多采用多年生草花，也可结合一二年生草花和观叶植物，也可点缀花灌木、山石、器物等。

▲ 不同花色的郁金香组成花境

▲ 花境点缀假山

花境的分类方法很多，根据观花时节可分为早春花境、春夏花境、秋冬花境；按所处位置可分为林缘花境、路缘花境、墙垣花境、草坪花境、滨水花境和庭院花境；按观赏角度可分为多面花境和单面花境。多面花境可四周观赏，一般4~6m宽。花灌木多布置于花境中部，花灌木四周布置次高的花卉，外层布置稍低的花卉，最外缘用矮生宿根、球根花卉或绿篱植物镶边。单面花境仅单面观赏，一般2~4m宽，后高前低，以便形成立体层次。单面花境背景若为墙体或修剪整齐的灌木，还应注意花境与背景色彩的对比关系。

配置花境植物除了要注意空间上的层次，还要注意时间上的搭配，以使花境观赏期尽量延长。应选择在花、叶、色、形、香等各方面都有较高价值的植物材料。常用的花境植物有：月季、杜鹃、山梅花、蜡梅、珍珠梅、笑靥花、棣棠花、连翘、飞燕草、波斯菊、金鸡菊、美人蕉、蜀葵、福禄考、美女樱、萱草、沿阶草、麦冬、鸢尾等。

花境设计常绿植物推荐

3 花卉的其他运用形式

除以上两种常用的花卉运用形式外，还有自然式的花丛、以种植容器为承载体的花钵、花箱、花球、花桶、花车等形式。种植容器有木、竹、藤、瓷、陶、塑料、不锈钢等各种材料，可制成各种形状，并灵活机动地布置于建筑物室内、窗台、阳台、屋顶、柱、门以及各种户外场地空间。

花境设计落叶植物推荐

▲ 自然花丛

▲ 花球装饰

▲ 花桶

▲ 花钵

手把手教你打造绝美花境

| 表3.2 | 常用花坛花境植物（草本植物） |

植物名称	高（cm）	花色							花期
		紫红	红	粉	白	黄	橙	蓝紫色	
藿香蓟	30~60	✓	✓	✓	✓			✓	4月~10月
金鱼草	45~60	✓	✓	✓	✓	✓			5月~7月；10月
四季秋海棠	20~25			✓	✓				5月~10月
雏菊	15~20		✓	✓	✓				4月~6月
羽衣甘蓝	30~40								观叶
金盏菊	30~40					✓	✓		4月~6月
美人蕉	100~150		✓						6月~10月
长春花	30~60		✓	✓	✓				5月~10月
鸡冠花	15~30	✓	✓			✓	✓		8月~10月
彩叶草	30~50								观叶
大丽花	20~40，60~150	✓	✓	✓	✓	✓	✓	✓	8月~10月
石竹	30~50			✓	✓				5月~9月
菊花	30~50	✓	✓	✓	✓	✓	✓		5月~8月；10月~12月
毛地黄	60~120	✓		✓	✓				6月~8月
一品红	60~70		✓	✓		✓			11月~次年3月
风信子	15~25	✓	✓	✓	✓			✓	2月~3月
凤仙花	60~80		✓	✓	✓				6月~8月
扫帚草	100~150								观叶
紫罗兰	30~50	✓	✓		✓				6月~8月
喇叭水仙	35~40					✓			3月~4月
二月兰	30~40							✓	3月~5月

续表

植物名称	高（cm）	花色							花期
		紫红	红	粉	白	黄	橙	蓝紫色	
天竺葵	30~60	✓	✓	✓	✓				5月~6月；9月~10月
矮牵牛	20;30~40		✓	✓	✓		✓	✓	4月~5月；6月~8月
福禄考	15~40	✓	✓	✓	✓	✓	✓		6月~8月
一串红	30~50		✓						9月~10月；5月~6月
一串紫	30~50							✓	8月~10月
一串白	30~50				✓				8月~10月
孔雀草	15~20					✓	✓		4月~5月；7月~10月
万寿菊	20~25					✓	✓		4月~5月；7月~10月
郁金香	30~50	✓	✓	✓	✓	✓		✓	4月~5月
美女樱	30~40	✓	✓	✓	✓		✓		5月~10月
三色堇	10~25	✓			✓	✓		✓	4月~5月
葱兰	15~25				✓				7月~10月
百日草	15~30	✓	✓	✓	✓				6月~10月
风铃草	15~45				✓			✓	6月~9月
射干	50~100						✓		7月~8月
一叶兰	30~40								观叶
萱草	30,60~100					✓	✓		6月~8月
玉簪	30~50				✓				6月~8月
紫萼	30~50							✓	6月~8月
鸢尾	30~40							✓	4月~5月
黄菖蒲	60~100				✓	✓			5月~6月
蛇鞭菊	30~60	✓							7月~9月
忽地笑	30~50					✓			7月~9月
石蒜	30~60		✓						9月~10月
芍药	60~120	✓	✓	✓	✓				5月
花毛茛	20~40	✓	✓			✓		✓	4月~5月
唐松草	30~60				✓				7月
白晶菊	60~80				✓				4月~5月
松果菊	60~120		✓						6月~9月

3 地被与草坪的种植设计

为创造生态良好、环境优美的园林绿地，绿化的最下层即直接贴近地面的层次也同样值得关注。从广义上来讲，覆盖、绿化、美化地面的最下层绿化植物通称为地被，其中草坪是一类特殊的地被形式。地被具有增加景观层次、提高绿地生态价值等多种作用。

1 地被

地被种类很多，按运用环境分有阳性地被、阴性地被和半阴性地被。❶ 阳性地被用于空旷平地或坡地，如马齿苋、地被菊、三叶草、过路黄等。❷ 阴性地被用于郁闭度较高的树群（林）下，如虎耳草、洒金珊瑚、八角金盘、吉祥草等。❸ 半阴性地被用于疏林或林缘，如金丝桃、六月雪、十大功劳、鸢尾等。

地被与草坪的种植设计

地被按植物的形态特征可分为草本地被（如二月兰、葱兰）、灌木地被（如铺地柏、杜鹃、八仙花）、藤本地被（如常春藤、金银花），还有一些特殊的地被如蕨类地被（如凤尾蕨、肾蕨）、竹类地被（如箬竹、菲白竹）、耐盐碱地被（如紫穗槐、沙棘）。

大宁公园郁金香

▲ 草本地被：二月兰　　　　　　▲ 草本地被：葱兰

▲ 灌木地被：杜鹃　　　　　　　▲ 灌木地被：八仙花

地被植物的选择应根据具体需要而定。总体上要求适应性强、耐粗放管理、维护成本低，同时应选择生长迅速、覆盖力强、植株相对低矮且根系发达的植物，最好具有良好的景观价值、生态价值，甚至有一定的经济价值。

不会设计地被的设计师不是好的植物设计师

2 草坪

如前所述，草坪是一类特殊的地被，是在相对开阔的空间或林间空地种植草坪草形成的绿化景观。草坪是绿地常见的形式，可游可赏或具有特殊功能。

草坪按使用功能可分为以下5种。❶ 观赏草坪，以观赏装饰为主，一般不允许进入。❷ 游憩草坪，可供游览休憩、开展一定的游憩活动，如野餐、放风筝、散步等。❸ 体育草坪，可供开展各类体育活动，如足球、网球、高尔夫等。❹ 护坡草坪，以水土保持、固着土壤为主要功能，如湖岸草坡、公路边坡等。❺ 放牧草坪，提供畜类牧草及放养场地。

▲ 观赏草坪

▲ 游憩草坪

▲ 体育草坪

▲ 护坡草坪

草坪按草坪草的习性可分为夏绿型草坪（暖季型草坪）、冬绿型草坪（冷季型草坪）、常绿草坪；按草坪与树木组合关系可分为空旷草坪、闭锁草坪、稀树草坪、疏林草坪、林下草坪等；按组成成分可分为单一草坪、混合草坪；按平面形式可分为自然式草坪、规则式草坪；按使用时间长短可分为永久性草坪、临时性草坪。

草坪植物的选择由草坪功能和环境条件决定。❶ 观赏草坪要求选择植株低矮、叶片细小美观、叶色翠绿且绿叶期长的草种，如天鹅绒、马尼拉。❷ 游憩草坪和体育草坪应选择耐践踏、耐修剪、适应性强的草种，如狗牙根、结缕草。❸ 护坡草坪应选择适应性强、耐旱、耐瘠薄、根系发达的草种，如结缕草、假俭草。❹ 干旱少雨地区要求草坪草耐旱、抗病虫害强，可选择野牛草、狗牙根等；水畔及地势低洼处则要求耐水湿，可选择剪股颖、两耳草等；林下及建筑阴影下要求选择耐阴草种，可选择细叶苔草、羊胡子草等。

4 藤本植物的种植设计

藤本植物是自身不能直立生长，需要依附它物或匍匐地面生长的木本或草本植物。按照其生长方式不同，主要可分为4种。❶ 缠绕类：通过缠绕在其他支撑物上生长，如紫藤、金银花、油麻藤、莺萝、牵牛花、五味子等。❷ 卷须类：利用卷须进行攀援，如葡萄、观赏南瓜、葫芦、丝瓜、西番莲、炮仗花等。❸ 吸附类：依靠气生根、吸盘、钩刺的吸附作用攀援，如地锦、常春藤、凌霄、扶芳藤、络石、薜荔等。❹ 蔓生类：攀援能力较弱，或仅靠枝刺、皮刺依附它物，如野蔷薇、木香、叶子花、藤本月季等。

利用藤本植物这一类特殊的植物材料进行造景，不仅能形成特色景观，更重要的是能有效提高城市绿化面积、改善生态环境。藤本植物的应用可概括为以下5大类。

藤本植物的种植设计

1 廊架式

该类使用廊、架等建筑设施小品作为藤本植物的依附物，形成花廊、花架、绿棚等，起到点缀环境、提供遮荫的作用。廊架可用钢筋混凝土、钢材、竹木等材料。廊架式一般选择单种藤本植物如紫藤、凌霄，种植于廊架边缘的地面或种植池，让其攀爬于廊架之上。若为了创造丰富的花木景观，也可选择形态及习性相似的几种藤本植物植于同一廊架。

2 篱垣式

篱垣式是利用篱笆、栅栏、矮墙垣等作为藤本植物依附物的绿化形式。篱垣式既有围护防范作用，又不显生硬，能很好地美化环境。篱垣构架可以是传统的木竹结构，也可用金属栅栏或者铁丝网，还可以是砖砌或混凝土的镂空围栏。选择的植物材料应和篱垣材料相协调，如金属围栏表面光滑，适合选用藤蔓纤细、茎柔叶小的金银花、牵牛花、莺萝等；而砖砌或混凝土形体相对粗大，可选用枝条粗壮、色彩斑斓的藤本月季、云实、蔷薇等。

▲ 选用藤本植物紫藤设计的廊架式景观

3 墙面式

墙面式是通过墙基种植区（槽）、墙顶种植槽或墙面花槽种植藤本植物，达到绿化美化墙体或突出建筑精细部位等作用的一种绿化形式。其中，最常见的是沿墙基部（一般离墙15cm左右）地栽（或于种植槽内栽）藤本植物，株距约0.5~1.0m，可较快形成绿色屏障；也可在建筑较

▲ 选用藤本植物蔷薇设计的篱垣式景观

高部位如墙顶种植槽、墙面花槽种植藤本植物使之茎蔓下垂，形成良好的景观效果。

▲ 围墙绿化，选用藤本植物炮仗花

▲ 墙体绿化，选用藤本植物爬山虎

墙面式绿化应根据墙面的材料、质地、朝向、色彩、高度等选择合适的藤本植物。质地粗糙、材料强度高的墙面可选择枝叶粗大、有吸盘、气生根的植物，如爬山虎、常春藤、薜荔、凌霄等；墙面光滑的如马赛克等贴面宜选用枝叶细小、吸附力强的络石、绿萝等；墙面光滑、材料强度低、抗水性差的石灰粉刷面则可辅以铁钉、绳索、金属丝网等设施。对于高层建筑，攀爬力强的种类如爬山虎等较为适宜；对于红色墙面，开白花、淡黄色花的木香或常绿的常春藤就比花色艳丽的爬藤月季合适。

4 立柱式

立柱式是一种利用藤本植物装饰各类柱体（如建筑物立柱、高架桥立柱、电线杆、灯柱等）的绿化形式。通过藤本植物的装饰可减轻柱子的生硬感，调和垂直与水平线条的强烈反差。立柱式绿化与墙面绿化类似，可在柱子基部地栽（或种植槽内栽）藤本植物，也可在柱上设花槽栽植，必要时可辅助一些支架、绳索等。另外，园林绿地中的高大乔木（甚至古树）的树干也可做立柱式绿化，以增加古老沧桑之感，颇具意境美，但需注意不可用绞杀力强的植物。

▲ 立柱式，选用藤本植物绿萝

5 匍地式

一些藤本植物也可不借助它物匍匐生长于地面，并迅速蔓延占据较大的面积。匍地式就是利用藤本植物的这一特性，对平面、坡面进行绿化，使其成为裸露地面的一种地表覆盖物。常春藤、扶芳藤、络石、花叶蔓长春等都是优良的藤本地被植物。

▲ 匍地式，选用藤本植物常春藤

1 郁闭度

郁闭度是林地树冠垂直投影面积与林地面积的比，以十分数表示，完全覆盖地面为1。根据联合国粮农组织规定，0.70（含0.70）以上的郁闭度为密林，0.20~0.69为中度郁闭，0.20（不含0.20）以下为疏林。

2 绞杀

绞杀是生物学中的一种特殊现象，指绞杀植物植入被绞杀植物的底部，与被绞杀植物争夺养料和水分，最终被绞杀植物因营养和水分不足而逐渐死去的现象。

3 花坛花卉用苗量计算方法

花卉株行距以冠幅大小为依据，不露地面为准。实际用苗量算出后，要根据花圃及施工的条件留出5%~15%的耗损率。

花卉数量计算方法：同一种花卉的面积×（1000/冠幅）^{2}+同一种花卉的面积×（1000/冠幅）^{2}×损耗率

如：羽衣甘蓝，冠幅为250mm，1m^{2}需要的数量为$(1000/250)^2=16$（棵）

假设羽衣甘蓝的总面积为5m^2，羽衣甘蓝的总数量为$5×16=80$（棵）

考虑羽衣甘蓝的施工损耗，如损耗率为10%，$80×0.1=8$（棵）

羽衣甘蓝总数量为80+8=88（棵）

★★★ 学习总结 ★★★

重点 乔灌木孤植、对植、列植、丛植、群植、林植、篱植的运用形式。

难点 花境的设计及花境植物的选择搭配，地被植物的运用。

"百年华诞"花海

植物让人如此动情——植物色彩设计

陪你去看最美花海

一道亮丽的风景线——植物墙

思考

1. 各类景观绿地中用于绿化的面积应达到绿地总面积的多大比例？
2. 不同绿化形式各自具有哪些景观及功能价值？
3. 如何通过植物的合理使用体现地域特色和文化内涵？

实训练习

❶ 选择合适的植物，构建3~5个适合你所在城市的复合层次树群。

❷ 拍摄指定范围内（如校园、公园等）的各类植物的绿化形式，分析其优缺点。

❸ 分小组调查你所在城市主要广场的上花坛形式，并选取2~3个较好的花坛实测与评价。

❹ 对某节庆模纹花坛进行图案设计及植物选择。

（1）实训目的

通过实训，了解花坛在景观中的应用、掌握花坛设计的基本原理和方法，并达到能实际应用的水平。

（2）实训内容

花坛外轮廓为圆形，位于广场中央，花坛半径为4m，四面可供观赏。

（3）植物设计要求

❶ 充分表现植物本身的自然美以及花卉植物组成的图案美、色彩美或群体美。

❷ 设计说明语言流畅，言简意赅，能准确地对图纸进行补充说明，体现设计意图。设计说明内容主要包括：基本概况，如地理位置、尺寸、设计面积、周围环境特点；花坛的主题、构思。

❸ 图面表现能力：按要求完成设计图纸，能满足设计要求；图面构图合理；整洁美观；线条流畅；图例、比例、指北针、植物表、图框等要素齐全，且符合制图规范。注意色彩搭配，画面美观漂亮。

（4）实训成果

❶ 按时完成花坛设计图（包括总平面图1：200、立面图1：200）。

❷ 按时完成与设计相符合的花坛设计说明。

项目篇

本篇共设置3个学习单元。其中，学习单元4道路绿地植物设计作为前导项目，讲解道路绿地相关术语、道路绿地断面形式、不同道路绿带的设计要点、道路绿地的植物设计流程，道路绿地设计案例拓展。学习单元5别墅庭院植物设计作为主体项目，讲解别墅的分类、别墅庭院空间组成、不同空间的植物设计要点、6种不同别墅庭院风格的主要设计元素、植物设计要点和植物类型、别墅庭院植物设计流程，别墅庭院植物设计案例拓展。学习单元6居住区景观植物设计作为精深项目，讲解居住区绿地类型、绿化指标、居住区不同绿地空间的植物设计要点、居住区植物设计流程，居住区植物设计案例拓展。本篇将景观植物设计的知识点贯穿于3个典型项目中，重点讲解植物设计流程，并结合课外拓展性任务项目强化植物设计训练。

道路绿地植物设计

 导引

道路绿地是指道路及广场用地范围内的可进行绿化的用地。从广义上讲，道路绿地分为道路绿带、交通岛绿地、广场绿地和停车场绿地。从狭义上讲，道路绿地即为道路绿带。城市道路绿化设计是指在以道路为主体的相关部分空地上，以乔木为主，乔木、灌木、地被植物相结合的绿化设计。随着城市机动车辆的增加，交通污染日趋严重，利用道路绿化改善道路环境已成当务之急。城市道路绿化的主要功能是庇荫、滤尘、减弱噪声、改善道路沿线的环境质量和美化城市，如南京主城区内道路两旁郁郁葱葱的悬铃木和雪松、北京的国槐都使得城市生气盎然、各具特色。本单元描述的城市道路绿化设计是以道路绿带为项目主体展开设计的。

学习单元 4

学习单元4思维导图

1 道路绿地相关概念

（一）道路相关术语

1 道路红线

道路红线指规划的城市道路（含居住区级道路）用地的边界线。

2 道路绿带

道路绿带是指道路红线范围内的带状绿地。道路绿带分为分车绿带、行道树绿带和路侧绿带。

3 分车绿带

分车绿带是指车行道之间可以绿化的分隔带。位于上下行机动车道之间的为中间分车绿带，位于机动车道与非机动车道之间或同方向机动车道之间的为两侧分车绿带。

4 行道树绿带

行道树绿带是指布设在人行道与车行道之间，以种植行道树为主的绿带。

5 路侧绿带

路侧绿带是指在道路侧方，布设在人行道边缘至道路红线之间的绿带。

6 中心岛绿地

中心岛绿地是指位于交叉路口上可绿化的中心岛用地。

7 停车场绿地

停车场绿地是指停车场用地范围内的绿化用地。

道路绿地的基础知识

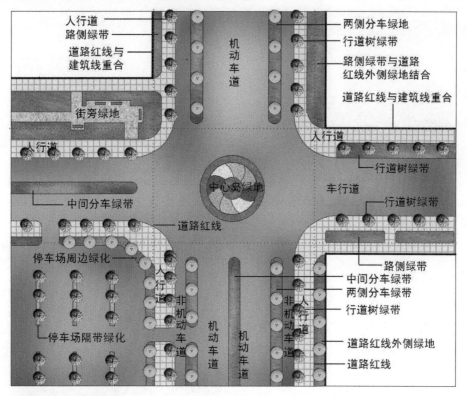

▲ 道路绿地名称示意图

8 园林景观路

园林景观路是指在城市重点路段，强调沿线绿化景观，体现城市风貌、绿化特色的道路。

9 道路绿地率

道路绿地率是指道路红线范围内各种绿带宽度之和占总宽度的百分比。我国城市规划有关标准规定：❶ 园林景观路绿地率不得小于40%；❷ 红线宽度大于50m的道路，绿地率不得小于30%；❸ 红线宽度为40~50m的道路，绿地率不得小于25%；❹ 红线宽度小于40m的道路，绿地率不得小于20%。

（二）道路绿地断面形式

城市道路绿地断面布置形式与道路的性质和功能密切相关。一般城市中道路由机动车道、非机动车道、人行道等组成。道路的断面形式多种多样，植物景观形式也有所不同。我国现有道路多采用一块板、两块板、三块板、四块板式等，相应道路绿地断面也就出现了一板两带式、两板三带式、三板四带式、四板五带式。

1 一板两带式绿地

一板两带式是指一条车行道、二条绿带，这是道路绿化中最常用的一种形式。中间是车行道，两侧是人行道，在人行道上种植一行或多行行道树。其优点是简单整齐，用地比较经济，管理方便，但在车行道过宽时行道树的遮荫效果较差，同时机动车辆与非机动车辆的混合形式，不利于组织交通。

此种形式适合于机动车交通量不大的次干道、城市支路和居住区道路。道路宽度一般为10~20m。

▲ 一板两带式道路绿化效果图

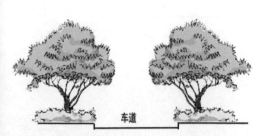

▲ 一板两带式道路剖面图

2 二板三带式绿地

二板三带式是指除了在车行道两侧的人行道上种植行道树外，还有一条一定宽度的分车绿带把车行道分成双向行驶的两条车道。分车绿带宽度不宜小于2.5m，以5m以上景观效果图为佳，可种植1~2行乔木，也可种植草坪、草本花卉或者花灌木。

▲ 两板三带式道路绿化效果图

此种形式适于机动车交通量较大而非机动车流量较少的地段，如高速公路和入城道路。

▲ **两板三带式道路剖面图**

3 三板四带式绿地

利用两条分隔带把车行道分成3块，中间为机动车道，两侧为非机动车道，连同车行道两侧的行道树共为4条绿带，故称三板四带式。分车绿带宽度在1.5~2.5m的，以种植花灌木或者绿篱造型植物为主，宽度在2.5m以上时可种植乔木。

此种形式适于城市主干道，组织交通方便、安全，解决了机动车与非机动车混行的矛盾，尤其在非机动车辆多的情况下是较合适的。

4 四板五带式绿地

四板五带式是利用3条分隔带将车道分为4条（2条机动车道和2条非机动车道），使机动车和非机动车均形成上行、下行各行其道，互不干扰，保证了行车速度和交通安全。

此种形式适于车辆较多的城市主干道或城市环路系统，用地面积较大，分车绿带可考虑用栏杆代替，以节约城市用地。

▲ **三板四带式道路绿化效果图**

▲ **四板五带式道路绿化效果图**

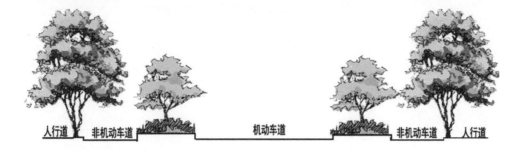

▲ **三板四带式道路剖面图**

▲ 四板五带式道路剖面图

（三）课外拓展性任务与训练

1 专题讨论

城市道路绿化断面的形式及其优缺点。

2 项目实训

收集道路绿化设计图片，并注明道路断面形式。

---

2 道路绿地设计

（一）分车绿带设计

一般宽为2.5~8m，大于8m宽的分车绿带可做林荫路设计。为了便于行人过街，分车带应进行适当分段，一般以75~100m为宜，并尽可能与人行横道、停车站、公共建筑的主入口相结合。被人行道或出入口断开的分车绿带，其端部需采取通透式栽植，即只在端部的绿地上配置树木，在距相邻机动车道路面高度0.9~3.0m的范围内，其树冠不应遮挡驾驶员的视线。

道路绿地设计

分车绿带的植物设计形式应简洁、树形整齐、排列一致。为了交通安全和树木的种植养护，在分车绿带上种植乔木时，其树干中心至机动车道路缘石外侧距离不能小于0.75m。

▲ 分车带端部需采取通透式栽植

1 中间分车绿带设计

中间分车绿带应阻挡相向行驶车辆的眩光。在相向机动车道路之间，高度在0.6~1.5m的范围内种植灌木、灌木球、绿篱等枝叶茂密的常绿树能有效阻挡夜间相向行驶车辆前照灯的眩光，其株距应小于冠幅的5倍。

中间分车绿带的种植形式有以下3种。

（1）乔木+草坪

上层种植乔木，下层种植草坪。高大的乔木成行种植在分车绿带上，会使人感到一种雄伟壮观的景象，但缺点是比较单调。在右图中，主要应用的乔木是银杏和香樟，银杏属于落叶大乔木，而香樟属于常绿大乔木，将落叶和常绿进行搭配，产生季相的变化，从而可以弥补上层乔木下层草坪的单调的缺点。

▲ 分车绿带种植形式：乔木+草坪

（2）乔木+常绿灌木绿篱

上层种植乔木，下层种植常绿灌木，常绿灌木经过整形修剪，保持一定的高度和形状。乔木、灌木按照固定的间隔排列，有整齐划一的美感。在右图中，是将上层的银杏和下层的瓜子黄杨进行组合。银杏属于落叶乔木，下层的瓜子黄杨是常绿的灌木，也是典型的将落叶乔木和常绿灌木进行组合搭配的种植形式，产生季相上的景观变化。

▲ 分车绿带种植形式：乔木+常绿灌木绿篱

（3）乔木+灌木、绿篱+花卉、草坪

上层种植乔木，中层种植灌木、绿篱，下层种植花卉、草坪，形成上、中、下复层搭配形式，并通过图案的设计，从而使分车绿带达到丰富的色彩美和构图美，这是目前使用最普遍的形式。

▲ 分车绿带种植形式：乔木+灌木、绿篱+花卉、草坪

从以上3种种植形式不难看出，在设计分车绿带的时候，植物配置遵循的原则是：形式简洁，树形整齐，排列一致。

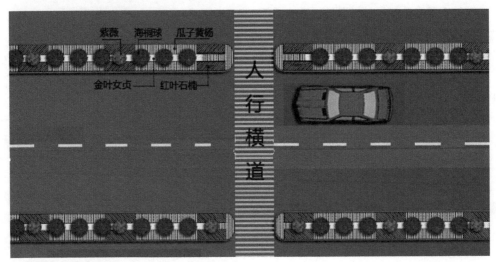

▲ 分车绿带平面图

2 两侧分车绿带设计

两侧分车绿带离交通污染源最近，其绿化所起的滤减烟尘、减弱噪声的效果最佳。当两侧分车绿带宽度小于1.5m时，绿带应种植灌木、地被植物或草坪；当两侧分车绿带宽度在1.5~2.5m时，绿带以种植乔木为主，在乔木与乔木中间种植常绿花灌木，以增加景观色彩；当两侧分车绿带宽度大于2.5m时，可采用常绿乔木、落叶乔木、灌木、花卉和草坪多种植物类型相互搭配的种植形式。

（二）人行道绿带设计

人行道绿带是指车行道边缘与道路红线之间的绿地，包括人行道和车行道之间的行道树绿带以及人行道与建筑之间的路侧绿带。人行道绿带既起到与嘈杂的车行道的分隔作用，又为行人提供安静、优美、遮荫的绿色环境。城市道路红线较窄，没有车行道隔离带的人行道绿带中，不宜配置树冠较大、易郁闭的树种，以利于汽车尾气的扩散。

实操：如何绘制行
道树绿带平面图

1 行道树绿带设计

行道树是城市道路植物景观的基本形式。行道树的主要功能是为行人和驾驶非机动车的人蔽荫、美化街道、降尘、降噪、减少污染。

（1）种植方式

行道树的种植方式主要有树带式和树池式两种。

❶ 树带式。在人行道和车行道之间留出一条连续的、不加铺装的种植带，为树带式种植形式。种植带宽度一般不小于1.5m，可种植一行乔木和绿篱，或根据不同宽度可种植多行乔木，并与花灌木、地被等相结合。在人行道较宽、行人不多或绿带有隔离防护设施的路段，行道树下可以种植灌木和地被植物，减少土壤裸露，形成连续不断的绿化带，提高防护功能，加强绿化景观效果。

❷ 树池式。在交通量比较大、行人多而人行道又狭窄的街道上，行道树宜采用树池式的种植方式。行道树之间采用透气性的路面材料铺装，利于渗水通气，改善土壤条件，保证行道树

生长，同时也不妨碍行人行走。树池以正方形为主，边长宜不小于1.2m。若树池为圆形，其半径不宜小于1.2 m。

行道树栽植于树池的几何中心，为了防止树池被行人践踏，可使树池边缘高出人行道8~10cm。如果树池稍微低于路面，应在上面加上透空的池盖，与路面同高。这样可使树木在人行道上占很小的面积，实际上增加了人行道的宽度，又避免了践踏，同时还可使雨水渗入树池内。池盖可由木条、金属制成。

▲ 树池式行道树绿化

▲ 树池形状

树池，让种树不再简单

（2）行道树种植设计要求

在人行道绿化带上种植树木，必须保持一定的株距。一般来说，株距不应小于树冠的 2 倍。行道树种植时，应充分考虑株距与定干高度。一般株行距要根据树冠大小决定，有4m、5m、6m、8m 不等。若种植干径为 5cm 以上的树苗，株距以 6~8m 为宜，使行道树树冠有一定的分布空间，以保证必要的营养面积，保证其正常生长，同时也便于消防、急救、抢险等车辆在必要时穿行。树干中心至路缘石外侧距离不小于0.75m，以利于行道树的栽植和养护管理。快长树胸径不得小于5cm、慢长树胸径不宜小于8cm的行道树种植苗木的标准，是为了保证新栽行道树的成活率和在种植后较短的时间内达到绿化的效果。

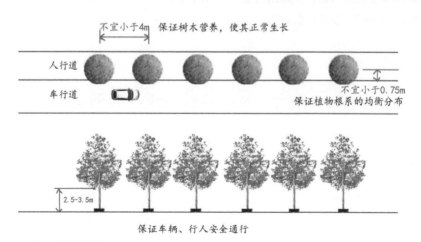

不宜小于4m 保证树木营养，使其正常生长

人行道

车行道

不宜小于0.75m
保证植物根系的均衡分布

2.5~3.5m

保证车辆、行人安全通行

▲ 行道树种植要求

（3）行道树树种选择要求

应选择能适应当地生长环境、树龄长、树干通直、树枝端正、花果无毒、耐修剪的植物。目前应用较多的有法桐、雪松、垂柳、国槐、合欢、栾树、馒头柳、杜仲、白蜡、棕榈、女贞、香樟、广玉、泡桐、银杏等。

2 路侧绿带设计

路侧绿带是城市道路绿地的重要组成部分。路侧绿带与沿路的用地性质或建筑物关系密切，有的要求有植物衬托，有的要求绿化防护。因此，路侧绿带应根据相邻用地性质、防护和景观要求等进行设计，并在整体上保持绿带连续、完整和景观效果的统一。由于路侧绿带宽度不一，所以植物配置各异。国内路侧绿带常用地锦等藤本植物作墙面垂直绿化，用直立的桧柏、珊瑚树或女贞、杨树等作为分隔。如绿带宽些，则以此绿色屏障作为背景，前面配植花灌木、宿根花卉及草坪。为避免行人践踏破坏，在外缘常用绿篱分隔。

南京行道树树种规划

▲ 路侧绿带　　　　　　　　　　▲ 建筑物前的路侧绿带

（三）课外拓展性任务与训练

1 专题讨论

（1）行道树种植方式有哪些？列举所在区域常用行道树。

（2）分车绿带设计有哪些注意要点？

2 项目实训

选取周边道路绿化进行实地的现场调研，撰写调研报告，调研报告格式如下所示。

标题：关于××道路植物设计的调研报告

一、导言

　　1.调研时间：

　　2.调研地点：

　　3.调研方法：

　　4.考察内容：

　　5.调研目的：

二、基本情况介绍

三、调研情况介绍

　　1. 设计风格：

　　2. 植物的选择：

　　3. 植物的搭配（见表4.1）：

表4.1	植物调查表						
序号	植物名称	规格	单位	数量	长势	位置	处理方法
1							
2							
3							
…							

四、调研总结

3 道路绿地设计项目实施

　　此部分将以三板四带式100m道路标段项目为依托，讲解道路绿地设计的项目设计流程。

（一）现场调查与分析

　　该道路位于某市开发区，道路两侧是居住小区，道路总长为1000m，道路红线宽度为32m，选取100m道路作为设计标段。以下图中省略长度单位mm。

道路绿地设计流程

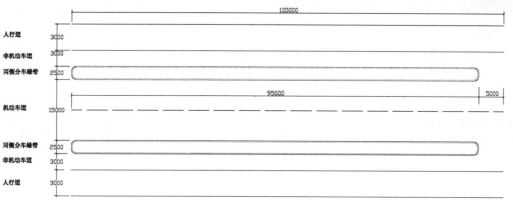

100m标准段道路现状图　　1:200

▲ 三板四带式100m标准段道路现状图

"绿"为底色，"红"为特色——分车绿带设计流程从上图可以看出，该道路属于三板四带式道路。其中，人行道宽3m，非机动车道宽3m，两侧分车绿带宽2.5m。

（二）植物种植设计

1 方案构思

在草图构思阶段，设计师根据不同绿带的特点主要从植物意向图、植物的选择、搭配方式、构图形式等方面展开构思。

（1）人行道绿化带

人行道绿化带宽3m，由于该地位于行人多的地段，宜采用树池的形式。选用的植物要充分考虑为行人和非机动车蔽荫。在树种的选择上要选择深根性、分枝点高、冠大荫浓、生长健壮、适应城市道路环境条件，且落果对行人不会造成危害的树种。选用落叶乔木在冬季可以减少对阳光的遮挡，提高地面温度。

（2）两侧分车绿带

根据城市道路绿化规划与设计规范（行业标准，编号CJJ75—97）当两侧分车带宽度在1.5m以上时，应种植乔木，并宜乔木、灌木、地被植物复层混交、扩大绿量。此分车绿带宽2.5m，故在植物的选择上需要考虑常绿与落叶的搭配、观花与观叶的搭配，从乔木、灌木到色叶小灌木、地被植物，形成多层次、高落差的绿化格局。同时，在植物的选择上应选用萌芽力强、枝繁叶密、耐修剪的树种（见表4.2）。

表4.2	植物选择列表
行道树绿化带	大乔木：银杏（落叶）
两侧分车绿带	大乔木：香樟（常绿）
	灌木：海桐（常绿）
	地被：金叶女贞（常绿）、红叶石楠（常绿）、瓜子黄杨（常绿）

2 方案草图绘制

设计师在方案构思的基础上绘制方案草图，行道树绿化带采用正方形（1.2m×1.2m）的树池种植方式，株距为5m。分车绿带采用整形+绿篱的方式进行种植，选用不同的地被植物片状种植，创造自然流畅的波浪曲线图形。乔木和灌木按固定的株距间隔排列，有整齐划一的美感。

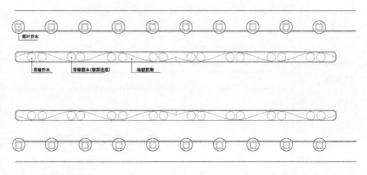

▲ 方案草图设计

3 方案设计

本方案为一段长度为100m的标准段道路的绿化设计。该道路在植物配置上将乔木与灌木搭配，形成四季常绿、色彩丰富、错落有致的绿色景观。

（1）人行道绿化带

人行道绿化带选择的主要植物有落叶大乔木银杏，株距为5m。

（2）分车绿化带

分车绿化带选择的主要植物有：香樟、海桐球、瓜子黄杨、金叶女贞、红叶石楠。主要配置形式：香樟+海桐球+瓜子黄杨、金叶女贞、红叶石楠。

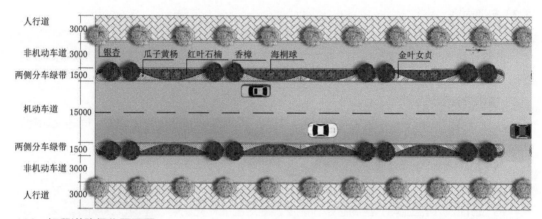

▲ 100m标段道路绿化平面图

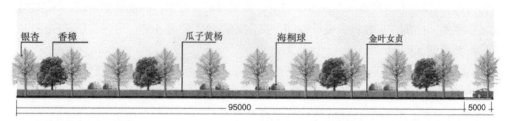

▲ 100m标段道路绿化立面图

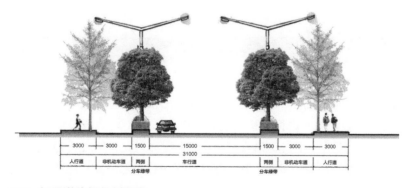

▲ 100m标段道路绿化剖面图

（三）课外拓展性任务与训练

项目实训——道路绿地植物设计

（1）实训目的

通过对城市道路绿地设计的训练，达到以下目标：

❶ 了解道路绿地的形式、种植设计的方式、树种搭配与组合等；

❷ 了解道路绿化的作用、道路绿化的断面布置形式；

❸ 了解行道树的选择要求；

❹ 了解街道绿化的层次、结构、色彩搭配；

❺ 掌握城市街道绿化设计的基本原理、植物配置的科学性与艺术性。

（2）实训内容

选择所在地城市的道路/街道绿地，做模拟道路植物设计。东西向，为四板五带式道路形式。道路红线内路面宽度为41m。其中，人行道宽3m，非机动车道宽3m，两侧分车绿带宽2m，中间分车绿带宽5m，机动车道宽10m。选取150m作为标准段。

（3）植物设计要求

❶ 城市道路绿地设计形式要符合当地实际情况，能突出道路绿地的功能，同时又能起到美化街景的作用。

❷ 合理搭配乔灌木和地被草坪植物。

❸ 绿篱、地被、草坪、色块、灌丛等的标示方法要正确，不能用单株植物来表示。

❹ 设计说明语言流畅，言简意赅，能准确地对图纸补充说明，体现设计意图。设计说明内容主要包括：基本概况，如地理位置、尺寸、生态条件、设计面积、周围环境特点；设计主导思想和基本原则；种植设计。

❺ 图面表现能力：按要求完成设计图纸，能满足设计要求；图面构图合理；清洁美观；线条流畅；图例、比例、指北针、设计说明、文字、图幅等要素齐全，且符合制图规范；色彩搭配好，画面美观漂亮。

（4）实训成果

❶ 按时完成植物种植设计图（包括平面图、立面图、剖面图）；

❷ 按时完成与设计相符合的植物设计说明；

❸ 按时完成汇报项目PPT。

4　总结和拓展案例

（一）总结

城市道路绿地植物设计在一定意义上能够凸显城市的整体风貌，是展现城市文明的重要途径。在植物设计中要全面考虑植物景观的功能结构，运用与城市气候、土壤环境、湿度等条件相符的植物，充分展现植物本身的艺术性与功能性，为行人创造一个优美的道路环境。在植物设计中要从整体出发进行局部设计，让整个城市道路绿地植物景观看起来错落有致，提升植物的艺术价值。

道路植物设计总结

（二）拓展案例

案例一：九干路道路绿化设计

本设计是一条城市交通主干道，全长510m，绿化总面积为4080m²，路面宽31m，断面形式为三板四带式：人行道（2.5m）+人行道绿化带（1m）+非机动车道（2m）+两侧分车绿带（3m）+机动车道（14m）+两侧分车绿带（3m）+非机动车道（2m）+人行道绿化带（1m）+人行道（2.5m）。本次绿化设计的内容为1m宽人行道绿化带、3m宽两侧分车绿带，共4条绿化带。

本设计结合城市道路设计规范，结合交通型主干道车速快、车流量大的特点，突出景观、生态效益，贯彻"四季常绿、四季有花、错落有致、色彩丰富、简洁明快"的设计原则，达到引导视线、美化环境、组织交通的目的。本次设计运用波浪曲线形式，形成简洁、明快、具有时代特色的道路绿化景观，为驾乘人员提供优美、舒适、安全的外部环境。

选取2个100m标段进行设计，具体道路选用以下树种。

1 标准段A

❶ 人行道绿化带：七叶树+瓜子黄杨球+金叶女贞、瓜

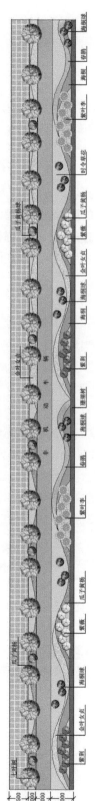

九干路100m标段A绿化设计平面图

图例	植物名称	树径(cm)	高度(m)	冠径(m)
	七叶树	米径10	4.5	2.5
	紫薇	米径4	2	1.5
	紫叶李	米径3	2.5	1.5
	紫玉兰	米径4	2	1

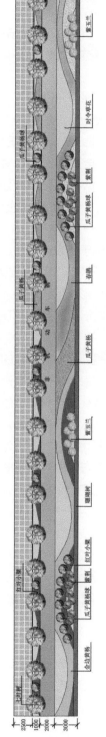

九干路100m标段B绿化设计平面图

图例	植物名称	树径(cm)	高度(m)	冠径(m)
	瓜子黄杨球		1.0	1.0
	海桐球		1.0	1.2
	瓜子黄杨		0.3	0.25
	金叶女贞		0.5	0.2
	金边黄杨		0.5	0.2

▲ 九干路100m标段绿化设计平面图

植物配置表

图例	植物名称	树径(cm)	高度(m)	冠径(m)
	珊瑚树		0.6	0.25
	海桐		0.6	0.3
	春鹃		0.35	0.2
	红叶小檗		0.5	0.3
	时令草花			

子黄杨+时令草花。

❷ 两侧分车绿带：紫荆、紫薇、红叶李+海桐球+金叶女贞、瓜子黄杨、杜鹃、海桐、珊瑚树+时令草花。

2 标准段B

❶ 人行道绿化带：七叶树+瓜子黄杨球+红叶小檗、瓜子黄杨+时令草花。

❷ 两侧分车绿带：紫荆、紫玉兰+瓜子黄杨球+金边黄杨、红叶小檗、杜鹃、金叶女贞、珊瑚树+时令草花。

案例二：南京高速公路绿化设计

南京机场高速公路被誉为"省门第一路"，是江苏省省委、省政府确定的交通六大重点工程之一，也是江苏省的标志性工程和禄口国际机场的重要配套工程。该工程北起南京绕城公路花神庙，南迄禄口国际机场，全长28.75km，按六车道规划、四车道标准实施。该高速公路路基顶宽26m，行车道宽2×7.5m，中央分隔带宽3m，硬路肩宽2×2.5m；设计车速120km／h，可谓"郁郁葱葱的林荫大道""绿色和鲜花的海洋"。

1 沿线概况

南京机场高速公路位于南京市以南、秦淮河以西，凤凰山、将军山以东，属宁镇低山丘陵区。该区东接长江三角洲平原，西连安徽丘陵岗地，呈东南低西北高之势。沿线附近有翠屏山、牛首山、方山等，地形起伏较明显。本线路沿秦淮河谷平原，地势低平，地面水系较多，地表水蚀严重，形成沟岗相间的波状地形景观，地面标高在6～12m。

2 设计指导思想

南京机场高速公路是江苏对外开放的重要窗口。在绿化设计中力求反映江苏特色、时代风貌、省会南京市现代化气息，并结合高速公路车速快、车流量大、车型以客车和轿车为主、运量以客运为主的特点，绿化突出景观、生态效益，满足高速公路绿化功能的需要，贯彻"四季常绿、三季有花、错落有致、色彩丰富、简洁明快大气势"的设计原则，达到稳定边坡、遮光防眩、诱导视线、改善环境的目的，为驾乘人员提供优美、舒适、安全的外部环境，使旅客有"人在车中坐，车在画中行"的良好感觉。

在设计过程中，除把南京机场高速公路的中央分隔带、路基路堑边坡、预留绿化带、互通立交、服务区和收费站作为一个整体通盘考虑外，设计师根据功能和服务对象的不同也随之做出改变，统一中求变化，变化中达统一。主线绿化采用远乔木、中灌木、近花草的布置手法，大分段间隔逐步过渡，形成连续不断、动中有变的"绿色长廊"。四处立交和服务区、收费站以大片常绿、半常绿草坪为基调，以简洁图案和少量植物造景来点缀。路基路堑边坡以铺植固着性好的草坪为主，达到稳定边坡、防止冲刷、绿化美化的作用。

3 绿化设计内容

（1）中央分隔带绿化

中央分隔带绿化的功能是遮光防眩、诱导视线和改善景观。由于中央分隔带土层薄、立地条件差，防眩树种应选择抗逆性强、枝叶浓密、常绿的蜀桧。根据防眩效果和景观要

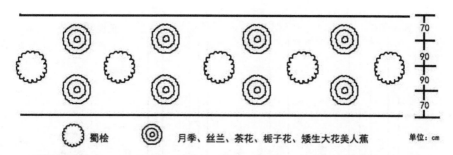

▲ 中央分隔绿带种植形式：蜀桧+月季、丝兰、茶花、栀子花、矮生大花美人蕉+高羊茅

求，蜀桧控制高度以1.6m为宜，单行株距为2.0~3.0m，蓬径为50cm。中央分隔带的地表绿化从美化路容和改善小气候出发，应以铺草坪和植地被物为主，使地表得以有效覆盖，防止土层污染路面，达到保湿效果。选用常绿草坪矮生高羊茅满铺；地被物选择月季、丝兰、茶花、栀子花、矮生大花美人蕉等花灌木，各品种布置按中央分隔带自然分段，蜀桧间对称栽植。

从中央分隔带绿化整体效果来看，该配置方式满足行车安全要求，起到了防眩、诱导作用，且不影响高速公路的气势；通过地被植物、草坪的合理立体布置，花灌木的不同花期、花色以及叶色变化，以常绿草坪为背景，减少蜀桧的单调感，增强美化效果。

（2）主线两侧预留带的绿化

预留带绿化是建设绿色通道工程的主体，是景观环境再造、协调公路与周围环境关系的基本措施，其绿化配置的好坏关系到高速公路的建筑美和景观美能否充分展现。这部分的绿化要有一定的规模，才能形成一道壮观的绿色风景线。绿化设计要根据公路的线型特征以及高速公路的特点，表现出一种韵律感，植物配置应以行列式为主、大块面组合。

❶ 路东侧预留带宽14~15m，以栽植水杉和雪松为主，配栽紫叶李、紫薇、碧桃以及地被植物，色彩较丰富，视觉效果较好。雪松是南京市的市树，它驰名中外，行驶在机场高速公路上的中外旅客首先看到的是苍劲挺拔、浓郁翠绿的雪松，这让他们从直觉上感觉已身处南京。各种植物具体配置为落叶水杉栽植3行，株行距为2×1.5m；常绿雪松栽植2行，株行距为12×3m；落叶紫叶李单行三株一丛品字形栽植，丛距为12m；距紫叶李0.5m处栽一行紫薇或碧桃（紫薇16株一段和碧桃4株一段交替布置），株距为6m；在排水边沟的外侧设置1m宽的花带，以不同花期的木本花灌木和草本花卉进行分段重复布置，品种有杜鹃、栀子花、丝兰、品种月季、金钟、美人蕉、鸢尾等，每品种300~400m一段。

❷ 路西侧预留带较窄，宽仅4~5m，考虑到要与东侧绿化尽可能对称，除受绿化用地不足从而影响水杉栽植外，雪松、紫叶李(两株一丛)、紫薇或碧桃、花带均采用单行布置，株距为6m。花带同东侧对称。

绿道让城市可居可游——绿道的植物景观营造

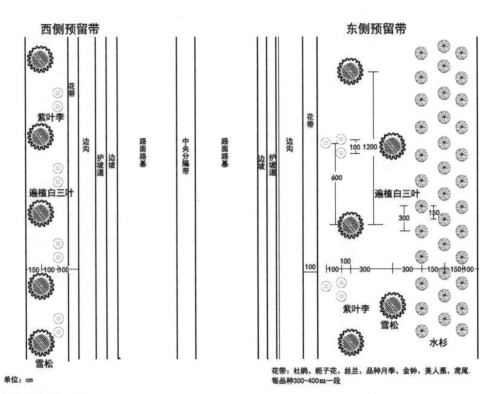

▲ 两侧预留带绿化设计

常用引道树见表4.3。

表4.3	常用行道树一览表		
名称	科别	树形	特征
南洋杉	南洋杉科	圆锥形	常绿针叶树，阳性，喜暖热气候，不耐寒，喜肥，生长快，树冠狭圆锥形，姿态优美
青海云杉	松科	塔形	常绿针叶树，中性，浅根性，适合西北地区
圆柏	柏科	圆锥形	常绿针叶树，阳性，幼树稍耐阴，耐干旱瘠薄，耐寒，稍耐湿，耐修剪，防尘隔音效果好
银杏	银杏科	伞形	落叶阔叶树，秋叶黄色，耐寒，根深，不耐积水，抗多种有毒气体
垂柳	杨柳科	伞形	落叶乔木，适于低湿地，生长繁茂而迅速，树姿美观
毛白杨	杨柳科	伞形	落叶阔叶树，喜温凉气候，抗污染，深根性，速生，寿命较长，树形端正，树干挺直，树皮灰白色
钻天杨	杨柳科	狭圆柱形	落叶阔叶树，耐寒，耐干旱，稍耐盐碱，水湿，生长快
新疆杨	杨柳科	圆柱形	喜光，耐干旱，耐盐渍，造型优美

续表

名称	科别	树形	特征
国槐	豆科	圆形	落叶乔木，喜光，略耐阴，喜干冷气候，深根性，抗风力强，对多种有害气体有较强的抗性，抗烟尘，寿命长，生长速度中等，耐修剪，树姿优美
柿	柿树科	半圆形	落叶乔木，喜光，略耐阴，喜干旱，不耐寒，深根，寿命长，对氟化氢有较强的抗性，病虫少，易管理，树形优美，秋叶变红，果实成熟后色泽鲜艳，极为美观
美国白蜡	木樨科	卵圆形	外形亮丽，树势雄伟，喜光，耐寒，喜肥沃湿润，能耐干旱瘠薄，也稍能耐水湿，喜钙质壤土或沙壤土，耐轻盐碱，抗烟尘，深根性
榔榆	榆科	伞形	落叶落叶树，喜温暖湿润气候，耐干旱瘠薄，深根性，速生，寿命长，抗烟尘毒气，滞尘能力强
赤杨	桦木科	伞形	常绿乔木，能耐湿热，干燥地及硬质土不适，树姿高大美观
榕树	桑科	球形	落叶乔木，树冠阔大，速生，郁闭性强，适于各式修剪
黄心夜合	木兰科	塔形	常绿乔木，喜温暖阴湿环境，较耐寒，树姿秀丽葱郁，花大而又芳香，适于作庭荫树、行道树或风景林的树种，也可盆栽或作切花
喜树	蓝果树科	伞形	落叶乔木，喜光，稍耐阴，不耐寒，不耐干旱瘠薄，抗病虫能力强，耐烟性弱，主干通直，树冠宽展
鹅掌楸	木兰科	伞形	落叶落叶树，喜温暖湿润气候，抗性较强，生长迅速，寿命长，叶形似马褂，花黄绿色，大而美丽
广玉兰	木兰科	卵形	常绿乔木，花大白色清香，树形优美
相思树	豆科	伞形	常绿乔木，树皮幼时平滑，大时粗糙，干多弯曲，生长力强
悬铃木	悬铃木科	卵形	落叶乔木，喜温暖，抗污染，耐修剪，冠大荫浓
香樟	樟科	球形	常绿乔木，树冠阔大，三出脉，有香气，浆果球形，大而成圆形，生长强健，树姿美观
复叶槭	槭树科	伞形	落叶阔叶树，喜肥沃土壤及凉爽湿润气候，耐烟尘，耐干冷，耐轻盐碱，耐修剪，秋叶黄色
合欢	含羞草科	伞形	落叶乔木，花粉红色，叶片细小，树姿优美
梧桐	梧桐科	伞形	落叶乔木，叶大，生长迅速，幼有直立，树冠分散，阳性，喜温暖湿润，污染，怕涝
蒲葵	棕榈科	伞形	树势单干直立，叶面深绿色，生长强健，姿态优美
海枣	棕榈科	羽状	常绿阔叶树，抗热力强，生长强健
加拿利海枣	棕榈科	羽状	常绿阔叶树，树干粗壮，高大雄伟，羽叶密而伸展，单干直立、羽状复叶、生活力强，观赏价值大
大王椰子	棕榈科	伞形	单干直立，高达18m，中央部稍肥大，羽状复叶，生活力强，观赏价值大

★★★ **学习总结** ★★★

重点 道路断面形式、分车绿带的种植形式、行道树的种植形式。

难点 分车绿带植物应用、行道树植物应用。

别墅庭院
植物设计

导引

随着时代的发展，别墅已成为人们更高层次生活品质的精神追求之一。植物作为景观要素的核心内容之一，在别墅庭院景观营造中起着重要的作用。如何合理利用植物来美化庭院、营造优美和谐的庭院景观，是植物设计师的首要任务。本单元可以让大家了解别墅庭院植物设计风格、常用植物类型，掌握别墅庭院植物景观设计的流程，掌握别墅庭院植物设计图纸的绘制方法和要求。

学习单元 5

学习单元5思维导图

1 别墅庭院概述

（一）别墅定义与分类

1 定义

别墅是指改善型的独户住宅，多建在城市郊区和风景区。

2 分类

别墅根据建筑的形式分为4类：独栋别墅、联排别墅、双拼别墅、叠拼别墅。别墅的分类、定义及景观特征见表5.1。

别墅庭院绿地的基础知识

别墅分类

表5.1	别墅的分类、定义及景观特征	
类型	定义	景观特征
独栋	独门独院，上有独立空间，下有私家花园领地，是私密性极强的单体别墅	庭院独立，一般绿化面积较大，是真正的私家庭院
联排	由几幢小于三层的单户别墅并联组成的联排住宅，一排二至四层连接在一起，每几个单元共用外墙，有统一的平面设计和独立的门户	注重项目选址、绿化、水系、空间感、设计丰富有特色
双拼	联排别墅与独栋别墅之间的中间产品，是由两个单元的别墅拼联组成的独栋别墅	采光面增加，通风性强，庭院空间比较宽阔，相对独立
叠拼	由多层的复式住宅上下叠加在一起组合而成，一般为四层带阁楼建筑	私密性差，私属庭院面积较小，大多数为不封闭或半封闭，一般下层为花园，上层为屋顶花园

（二）别墅庭院空间组成及作用

1 前院

前院空间主要起到出入口作用，是进出别墅的通道，分为车行入口和人行入口。根据前院围墙的高度和种类，前院又可以做成开放式、半开放式、封闭式。开放式前院一般设置矮的挡土墙和花坛，铁艺围墙属于半开放式；高的实体围墙属于封闭式前院。

2 侧院

侧院是人们经过前院、不穿过别墅建筑而去到别墅后院空间的通道，主要起到交通作用。由于侧院不是出入口空间，也不是主要的活动场所，人们会把它作为一定的储物空间来使用。所以，侧院的主要作用一般是交通和储物。

3 后院

后院空间是别墅主人和客人的主要活动场所，是停留时间最长的室外庭院空间。很多景观元素都设置在后院，比如室外家居平台、游泳池、SPA池、烧烤设备、室外壁炉等，包括小品廊架、景亭、特色花架、座椅、景墙、雕塑、坐凳等。后院一般也会是庭院空间中面积最大的部分，大多拥有宽敞的大草坪，是人们活动的主要庭院空间。

（三）不同空间的植物景观设计

1 前院空间的植物景观设计

前院空间的植物景观设计，主要突出出入口景观，分为人行入口和车行入口。人行入口可对称种植落叶观花树种，如白玉兰、樱花、合欢等；车行入户可种植常绿树，如广玉兰、落叶树银杏等。封闭式前院具有分户实体围墙，高度在2m左右，要考虑植物对墙体的遮挡和对外面人群视线的遮挡；半开放式前院可以种植藤本攀爬铁艺围墙；开放式前院可考虑挡土墙和花坛的种植。

▲ 别墅主入口　　　　　　　　　　▲ 封闭围墙

关于围墙的遮挡，种植设计有很多做法：采用绿篱，比如法国冬青绿篱、红叶石楠、桂花、石榴、栀子花，高度可控制在1.8~2m，也可以采用修剪整齐的灌木球，如红叶石楠球、栀子花球、桂花球、茶梅球、海桐球等，还可以采用藤本植物沿着围墙攀援，如爬山虎、蔷薇、凌霄、木香、铁线莲等，从而达到遮挡墙身的目的。

▲ 铁艺围墙利用法国冬青遮挡　　　　▲ 蔷薇沿着围墙攀援

2 侧院空间的植物景观设计

侧院的主要作用一般是交通和储物，所以人们停留的时间是比较短的。一般的侧院空间会比较狭长，采用汀步或草径作为交通步道。种植主要是在建筑与步道、步道和分户围墙之间的区域。乔木的主要作用是对隔壁别墅二楼窗户的视线遮挡，可以列植常绿树种，或者在草径和汀步的两侧错落地种植落叶乔木，让种植范围较窄的侧院空间起到较好的分户遮挡的作用。

▲ 侧院种植区域

▲ 刚竹遮挡隔壁别墅住户的视线

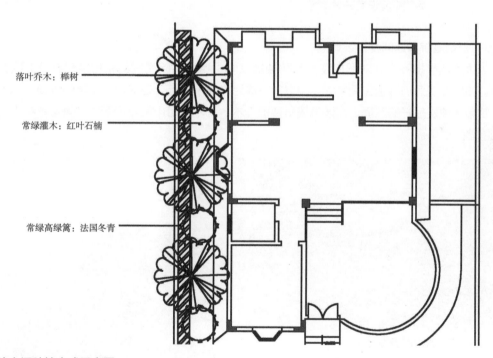

落叶乔木：榉树

常绿灌木：红叶石楠

常绿高绿篱：法国冬青

▲ 侧院空间种植方式示意图

3 后院空间的植物景观设计

后院一般是主要的庭院活动空间，各类硬质景观小品元素都设置在后院。如果面积足够大，可设置开敞草坪。

▲ 后院空间设置开敞草坪

（1）别墅庭院角点的种植设计

　　角点处点植乔木，对把控整个后院种植空间、保证庭院空间的私密性起到极其重要的作用。如果庭院角点种植空间较大，可以2~3棵为群组来设计。在这里，常绿的香樟、饱满的广玉兰等树种是很好的选择。在建筑墙角种植乔木，乔木下可配植常绿灌木或者草本花卉用以遮挡围墙的拐角。

▲ 两棵高大乔木群组设计

▲ 建筑墙角植物设计

▲ 角点处种植广玉兰

（2）草坪界限与围墙之间的种植区域

在这个区域，主要是通过上层乔木、中层灌木、下层地被三层空间创造复合植物群落。

首先，上层空间可以选择观花树种、庭荫树、色叶树等，如玉兰群植、樱花列植；点植无患子、银杏、红枫、青枫等色叶树。果树如杨梅、柿子树、橘树、香柚等在庭院种植设计中也经常运用。处于上层大乔木和下层地被之间的中间层，是前两者的过渡空间，主要靠小乔木和灌木来丰富，如观花类紫荆、海棠、贴梗海

焦点利用常绿灌木修剪造型如大叶黄杨、金边黄杨

路缘利用花卉形成花境，如新几内亚凤仙、石竹

入口利用常绿灌木对称布置如小叶女贞、瓜子黄杨

▲ **常绿灌木台阶两侧对植**

棠、绣线菊、木绣球、结香等。常绿灌木多列植于墙根，点植于角点，对植于出入口、台阶的两侧等。下层地被离观赏者最近，可以用一种简单的地被铺满很大一块种植区域；也可以用很多种地被高低错落种植。

下图所示的某别墅庭院的植物设计，大乔木有香樟、石楠、银杏、榉树；小乔木有红花玉兰、紫薇、金桂、紫荆、淡竹；常绿灌木有红花檵木球、油茶；常绿地被有草鹃、八角金盘、云南黄馨、麦冬、金边黄杨、花叶长春蔓、南天竹；落叶地被有美人蕉、棣棠；高低错落种植；围墙周边选择法国冬青作为高绿篱围合；充分考虑常绿与落叶结合，木本地被结合宿根草花。（电子图纸在网盘下载。）

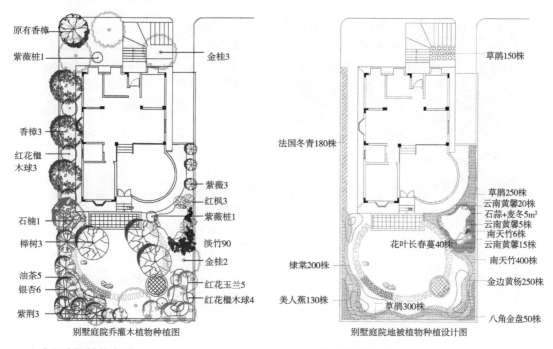

原有香樟
紫薇桩1
金桂3
香樟3
红花檵木球3
紫薇3
红枫3
紫薇桩1
石楠1
榉树3
淡竹90
金桂2
油茶5
银杏6
红花玉兰5
紫荆3
红花檵木球4

别墅庭院乔木灌木植物种植图

▲ **上中层空间植物布置**

草鹃150株
法国冬青180株
草鹃250株
云南黄馨20株
石蒜+麦冬5m²
云南黄馨5株
南天竹6株
云南黄馨15株
花叶长春蔓40株
南天竹400株
棣棠200株
金边黄杨250株
美人蕉130株
草鹃300株
八角金盘50株

别墅庭院地被植物种植设计图

▲ **下层空间植物布置**

（3）其他景观元素周边的种植

▲ 规则式水池花钵点缀

▲ 水生植物：睡莲

▲ 种植箱

▲ 围墙悬挂种植箱

▲ 花叶络石点缀水景雕塑

▲ 旱伞草盆栽

（四）课外拓展性任务与训练

1 专题讨论

（1）别墅的分类及景观特征

（2）别墅庭院的空间组成及庭院空间的植物设计

2 项目实训

收集别墅庭院植物设计相关资料，如图片、网站、博客、论坛、植物库等，并分类整理。

2　不同风格的别墅庭院植物设计

一般来讲，别墅庭院植物的设计风格取决于别墅的风格。当然，庭院植物的设计风格也要根据业主的喜好确定其基本的形式。目前根据别墅的建筑风格及近几年的别墅景观的流行趋势，其绿化设计风格主要有以下6种：新中式风格、日式风格、地中海式风格、欧式风格、美式风格和东南亚风格。下面分别对设计元素和植物类型做简单的介绍。

不同风格别墅庭院
植物设计

（一）新中式风格

▲ 新中式庭院植物配置1

▲ 新中式庭院植物配置2

1 主要设计元素

新中式风格的别墅庭院的主要设计元素有自然式水池、假山、传统院墙、鹅卵石铺地、木质铺地等。

2 植物设计要点

新中式庭院在植物选材上，通常选择具有一定象征意义的植物种类。例如，荷花象征纯洁、清高；桂花象征富贵；梅花象征希望和勇气；竹象征高尚的气节。玉兰、海棠、牡丹、桂花相配植，形成"玉棠富贵"的意境。植物形态上追求自然，很少修剪整形。

新中式庭院

当传统遇上现代——走
进中式庭院，领略植物
之美

3 常用植物类型（见表5.2）

表5.2	新中式庭院常用植物类型
常绿乔木	松、竹、桂花、枇杷、白皮松、香樟、女贞、广玉兰、桂花、雪松、乐昌含笑、楠木、深山含笑
落叶乔木	榉树、银杏、梅、玉兰类、海棠类、柿树、桃树、垂柳、刺槐、国槐、水杉、黄葛树、白蜡、二球悬铃木、杜英、合欢、枫香、榆树、栾树、喜树、重阳木、红枫、垂丝海棠、西府海棠、樱花、桃花、五角枫、乌桕、紫薇、紫叶李、石榴、木芙蓉、紫荆、红叶梅、紫叶桃
常绿灌木	栀子花、含笑、山茶、杜鹃
落叶灌木	迎春、牡丹、蜡梅
藤本	爬山虎、络石、常春藤、紫藤、木香、牵牛花、茑萝、蔷薇
草花	芭蕉、美人蕉、荷花、睡莲、水仙、鸢尾、芍药
草坪	黑麦草、草地早熟禾、细叶结缕草、马蹄金、狗牙根、高羊茅

（二）日式风格

▲ 日式庭院设计元素1

▲ 日式庭院设计元素2

1 主要设计元素

　　日式风格庭院的主要设计元素有绿苔、青石、竹、洗水钵、景墙、白砂、石灯笼等。

2 植物设计要点

　　常绿树较多，常用松柏类和竹类。一般有日本黑松、红松、雪松、罗汉松、花柏、厚皮香等；落叶树中有色叶的银杏、槭树，尤其是红枫；还有开花的樱花、梅花、杜鹃等；并常使用草坪作陪衬。早期庭院中常见整形修剪的树木，但现代庭院以自然式居多。

日式庭院

3 常用植物类型（见表5.3）

表5.3	**日式庭院常用植物类型**
常绿乔木	南洋杉、柳杉、龙柏、红豆杉、榉树、日本花柏、日本扁柏、月桂、石楠、铁冬青、山茶、女贞、冬青、厚皮香、杨梅、桂花、罗汉松、日本五针松
落叶乔木	金钱松、水杉、池杉、梧桐、梅花、安息香、枫树类、木瓜、麻栎、光叶榉、日本辛夷、樱花类、紫薇、白桦、山茱萸、紫荆、玉兰类、海棠类
常绿灌木	刺柏、矮紫杉、铺地柏、日本桃叶珊瑚、小叶黄杨、栀子花、瑞香、十大功劳、杜鹃、海桐、龟甲冬青、八角金盘、圆柏、南天竹
落叶灌木	八仙花、金雀儿、金丝桃、麻叶绣线菊、卫矛、胡颓子、木槿、紫珠、木芙蓉、连翘、金钟、锦带花、铁梗海棠、棣棠、笑靥花
竹类	慈竹、佛肚竹、罗汉竹、紫竹、琴丝竹、楠竹、凤尾竹、斑竹、孝顺竹
藤本	蔷薇、紫藤、葡萄、金银花、常春藤、九重葛、爬山虎
草花	菊花、银莲花、长春花、百里香、紫唇花、洋甘菊、唐菖蒲、荷花、睡莲、旱伞草、苔藓类、蕨类、葱兰、美人蕉、玉簪、阔叶麦冬、沿阶草
草坪	狗牙根、细叶结缕草、剪股颖、草地早熟禾、马蹄金

（三）地中海式风格

▲ 地中海庭院设计元素1

▲ 地中海庭院设计元素2

1 主要设计元素

　　地中海风格庭院的主要设计元素有砖红色的门、粗糙纹理的墙体、花朵明艳的草本植物、铁艺桌椅、水池、喷泉、砖红色的陶罐、瓷砖铺地等。

2 植物设计要点

　　具有亚热带风情的园林景观，必须配置大量的棕榈科植物和色彩绚丽的花灌木，由地上、墙上、木栏上处处可见的花草藤木组成的立体绿化效果，植物空间层次分明。

3 常用植物类型（见表5.4）

表5.4	地中海式庭院常用植物类型
常绿乔木	棕榈、柑橘、羊蹄甲、榕树、橄榄、木麻黄、银桦、桉树、白兰花、南洋杉、蒲桃、桂花、黑壳楠、楠木、广玉兰、夹竹桃、白千层、红千层、台湾相思、石楠、日本珊瑚树
落叶乔木	蓝花楹、凤凰木、梧桐、合欢、榆树、榔榆、黄葛树、刺槐、鹅掌楸、重阳木、紫荆、紫叶李、紫薇、白玉兰、紫玉兰、二乔玉兰
常绿灌木	丝兰、刺柏、三角梅、茉莉、春鹃、夏鹃、西洋鹃、山茶、茶梅、海桐、蚊母、四季桂、含笑、十大功劳、构骨、大叶黄杨、雀舌黄杨、苏铁、栀子、红继木、黄金叶、小叶女贞、毛叶丁香、火棘、六月雪、变叶木、双色茉莉 棕榈科植物：棕榈、蒲葵、王棕、假槟榔、棕竹、袖珍椰子、散尾葵、鱼尾葵、针葵、大王椰子、国王椰子
落叶灌木	八仙花、无花果、月季、棣棠、木槿、金丝桃、石榴、紫叶小檗、黄刺玫、木本绣球、扶桑、夜来香、茉莉、非洲茉莉
藤本	紫藤、蔷薇、九重葛、油麻藤、常春藤、凌霄、葡萄
草花	薰衣草、鸢尾、金莲花、马鞭草、牵牛花、天竺葵、唐菖蒲、千屈菜、旱伞草、水葱、睡莲、仙人掌、蟹爪兰、仙人指、玉树、白琥
草坪	沿阶草、剪股颖、野牛草、草地早熟禾、细叶结缕草、狗牙根、马蹄金

（四）欧式风格

▲ 欧式庭院设计元素1

▲ 欧式庭院设计元素2

1 主要设计元素

　　欧式风格庭院的主要设计元素为对称式布局；大面积的草坪上用栽植的灌木花草镶嵌组合成各种纹理图案；有平静的水池、精致的喷泉和大量花卉；在造型树的边缘，以时令鲜花镶边。

2 植物设计要点

　　修剪整齐的灌木和模纹花坛，色彩简单，花坛里只种颜色单一的同种植物。园木大多为观叶类、灌木类。花坛略带色彩，花草也用得十分稀少。整个园林中植物应用种类较少，四季植物应用不明显，四季变化不大，给人一种高度的统一感和规整美。

3 常用植物类型（见表5.5）

表5.5	欧式庭院常用植物类型
常绿乔木	雪松、南洋杉、柳杉、罗汉松、湿地松、香樟、榕树、水晶蒲桃、桂花、楠木、天竺桂、侧柏、千头柏、珊瑚树、石楠、日本珊瑚树
落叶乔木	七叶树、梧桐、枫树、水杉、池杉、银杏、鹅掌楸、悬铃木、榆树、黄葛树、蓝花楹、杜英、紫叶李、白玉兰、紫玉兰、二乔玉兰、樱花、紫薇、黄花决明
常绿灌木	红花继木、黄金叶、小叶女贞、金边六月雪、雀舌黄杨、瓜子黄杨、大叶黄杨、石楠、四季桂、含笑、海桐、构骨、蚊母、栀子、丝兰、南天竹、珊瑚树、茶梅、山茶、春鹃、夏鹃、西洋鹃
落叶灌木	月季、黄刺玫、棣棠、紫叶小檗、锦带花、火棘
藤本	常春藤、紫藤、爬山虎、九重葛、凌霄、爬山虎
草花	郁金香、铁线莲、风信子、红花酢浆草、萱草、玉簪
草坪	剪股颖、狗牙根、结缕草、沿阶草

（五）美式风格

▲ **美式庭院设计元素1**

▲ **美式庭院设计元素2**

1 主要设计元素

美式风格庭院的主要设计元素有躺椅、秋千、烧烤架、遮阳伞、规则泳池等。

2 植物设计要点

植物应用营造出视野开阔的环境，大乔木和草坪被大量使用，小乔木应用不多，花卉类植物应用较多，以宿根花卉为主，配以花灌木、一二年生花卉、球根花卉等。

美式庭院

3 常用植物类型（见表5.6）

表5.6	美式庭院常用植物类型
常绿乔木	雪松、广玉兰、香樟、羊蹄甲、银桦、榕树、桂花、白兰花、水晶蒲桃、女贞、黑壳楠、印度橡胶榕、楠木、天竺桂、石楠、枇杷、日本珊瑚树、夹竹桃
落叶乔木	梧桐、柳树、水杉、榆树、榔榆、二球悬铃木、枫香、喜树、槐树、黄葛树、银杏、合欢、重阳木、鹅掌楸、刺槐、蓝花楹、泡桐、杜英、白玉兰、紫玉兰、二乔玉兰、紫叶李、紫薇、樱花、碧桃、垂丝海棠、紫荆、木芙蓉、石榴、鸡爪槭
常绿灌木	山茶花、茶梅、栀子、大叶黄杨、雀舌黄杨、红继木、黄金叶、小叶女贞、毛叶丁香、春鹃、夏鹃、西洋鹃、四季桂、洒金珊瑚、双色茉莉、金边六月雪、萼距花、鹅掌柴、十大功劳、南天竹、蚊母、含笑、海桐
落叶灌木	月季、贴梗海棠、木槿、花石榴、紫叶小檗
藤本	三角花、紫藤、爬山虎、蔷薇、油麻藤、常春藤
草花	萱草、沿阶草、阔叶麦冬、鸢尾、菊花、风信子、郁金香、喇叭水仙、葱兰、美人蕉、唐菖蒲、凤仙花、三色堇、紫茉莉、一串红、雏菊、金盏菊、波斯菊、百日草
草坪	剪股颖、野牛草、草地早熟禾、细叶结缕草、狗牙根

（六）东南亚风格

▲ 东南亚设计元素1

▲ 东南亚设计元素2

1 主要设计元素

东南亚风格庭院的主要设计元素为原木色，适合用藤、麻等原始纹理材料，用色为暖黄色和深咖啡色，游泳池搭配上凉亭、遮阳伞、休闲躺椅等。

2 植物设计要点

构建热带雨林效果，以热带棕榈及攀藤植物效果最佳，还有椰子树、绿萝、铁树、橡皮树、鱼尾葵、菠萝蜜等，地被多搭配阴性植物，如蜘蛛兰、春羽。

3 常用植物类型（见表5.7）

表5.7	东南亚风格庭院常用植物类型
常绿乔木	棕榈科植物（棕榈、蒲葵、王棕、假槟榔、棕竹、袖珍椰子、散尾葵、鱼尾葵、针葵、大王椰子、 国王椰子）、凤凰木、鸡蛋花、木棉、刺桐、苏铁、热带水果类
落叶乔木	大花紫薇、黄槐
常绿灌木	鹅掌柴、栀子花、花叶良姜、黄金榕、红背桂、万年青
藤本	炮仗花、三角花、茑萝、牵牛花
草花	旅人蕉、文淑兰、鸢尾、仙人掌科、龙船花、彩叶草、吊竹梅、冷水花、马蹄莲、鸟巢蕨、肾蕨、龟背竹、王莲、睡莲、绿萝、蟛蜞菊、虎尾兰、剑兰、蝴蝶兰、君子兰、文淑兰
草坪	沿阶草、剪股颖、野牛草、草地早熟禾、细叶结缕草、狗牙根、马蹄金

（七）课外拓展性任务与训练

1 专题讨论

（1）庭院风格类型

（2）各类庭院风格的设计特点及代表植物类型

2 项目实训

选取周边口碑较好的楼盘庭院进行实地的现场调研，撰写调研报告，并制作调研报告PPT。调研报告格式如下所示。

标题：关于××植物设计的调研报告

一、导言

　　1.调研时间：

　　2.调研地点：

　　3.调研方法：

　　4.考察内容：

　　5.调研目的：

二、基本情况介绍：

三、调研情况介绍：

　　1.设计风格：

2.植物的选择：

3.植物的搭配（见表5.8）：

表5.8	植物调查表						
序号	植物名称	规格	单位	数量	长势	位置	处理方法
1							
2							
3							
…							

四、调研总结

3 别墅庭院植物设计项目实施

在景观设计中，植物与建筑、水体、地形具有同等重要的作用。因此，在别墅庭院的设计过程中应该尽早考虑植物景观，并且按照现状调查与分析、功能分区、植物种植设计的程序逐次深入（见表5.9）。

别墅庭院植物设计流程

表5.9	别墅庭院植物设计流程	
别墅庭院植物设计流程	1.现状调查与分析	1.1获取项目信息
		1.2现场分析
		1.3编制项目设计意向书
	2.功能分区	2.1功能分区草图
		2.2功能分区细化
	3.植物种植设计	3.1植物初步设计
		3.2植物详细设计

下面以某别墅庭院植物设计为例，介绍别墅庭院的植物设计流程。

（一）现状调查与分析

1 获取项目信息

表5.10是设计师在和甲方沟通时，获取的一些信息。

读懂客户——如何获取别   庭院植物设计流程图
墅庭院项目信息

表5.10　项目信息表

基本信息				
项目类别	☑别墅花园　□屋顶花园　□公共景观　□其他			
期望风格	□欧式风情　□乡村田园　☑现代简约　□中式山水　□日式禅风　□东南亚风情　□其他			
功能要求	□健身　□烧烤　☑观赏　□宠物　☑园艺　☑休闲　☑聚会　☑停车　□其他			
布局形式	□规则式　☑混合式　□自然式			
庭院元素				
平台	☑休闲木平台　☑硬质铺装平台			
园路	□花岗岩园路　□砖铺园路　□板岩园路　□卵石园路　□木质园路　□汀步园路			
水景	□游泳池　□锦鲤池　□跌水墙　□喷泉　□小溪　□旱溪			
木景	□廊架　□凉亭　□花架　□花格　□栅栏　□木质平台　□扶手　☑树池			
围合	□铁艺门　□门柱　□围栏			
小品	☑雕塑　□秋千架　☑遮阳伞　□户外家具　□烧烤台　□石灯笼　□陶罐			
灯光	☑庭院灯　☑草坪灯　□地埋灯　□水下灯　□壁灯　□吊灯			
绿化	植物类型	☑草坪　☑灌木　☑草花　☑果树　☑小乔木　☑大乔木　☑主景树		
	草坪类型	☑观赏开阔草坪　□疏林草地　☑疏林花地		
重要信息				
项目地址	南京江宁		项目面积	庭院面积591m²
姓名	略		电话	略
补充情况				
现场状况				
主要参数	绿地率	60%	植物数量	植物规格
设计期限			造价	

续表

基本信息		
甲方信息	家庭成员	父亲、母亲、儿子、四位老人
	职业	父亲从商、母亲全职
	颜色喜好及爱好	父亲：喜爱品茶，喜欢蓝色 母亲：喜欢烹饪、花卉，喜欢红色、绿色 儿子：初中生，喜欢户外活动 四位老人：都在70岁以上，都会到家里暂住，老人们喜欢园艺栽培、打太极、棋牌类活动
	庭院使用时间	白天、晚上
	庭院预期	经常在庭院中休息、交谈，开展一些小型的休闲活动，希望能够种点儿花或者种点儿菜，能够有开放的空间举行家庭聚会，能够看到很多绿色，一年四季都能够享受到充足的阳光
	设计要求	希望开辟园艺栽植区，主人能够自己栽植一些喜欢的园艺植物。有足够的举行家庭聚会的空间，在庭院中能够看到绿草、鲜花、果树，能从室内看到室外优美的景色，整个庭院安静、温馨，使用方便，尤其要方便老人的使用

在获取项目信息时，设计师可以提供一些已完成的别墅庭院实景图片、植物景观搭配图片等以供甲方参考，这样更便于了解甲方的意图。

有的放矢——如何对庭院场地进行分析

2 项目现场分析

根据甲方提供的现状图纸，该别墅属于独栋别墅，坐北朝南。整个项目长31m，宽26.5m，总占地面积823m²，其中建筑占地面积232m²，绿地占地面积591m²。项目的入口位于南侧，一条3m宽混凝土车道从南侧庭院主入口直通室内车库，东西两侧是其他住户的宅基地，南北两侧各有一条东西向的宽6m车行道，项目的西侧是一条宽2m的人行道。项目设计区域四周由0.5m高的挡土墙围合。在厨房的北面地下埋有水管、煤气管、电缆。从图中尺寸可以看出，庭院空间南侧占地面积最大，其次是西侧空间，庭院的东侧和北侧都是狭长的带状空间，占地面积较小。

本项目案例中住宅建筑是形成基地小气候的关键条件，所以围绕住宅建筑加以分析：住宅的

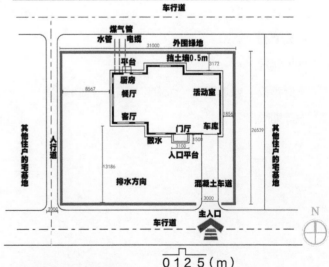

▲ 别墅庭院基地现状图

南面光照最充足、日照时间最长，地势平坦、开阔，通风，适宜开展活动和设置休息空间，但夏季的中午和午后温度较高，需要遮荫。另外，为了延长室外空间的使用时间，提高居住环境的舒适度，室外休闲空间或室内居住空间要保证充足的光照。因此，住宅南面的遮荫树应该选择分支点高的落叶大乔木，这类乔木也有利于风道的顺畅，要避免栽植常绿植物。

▲ 设置休息空间

▲ 落叶乔木遮荫，利于风道顺畅

住宅的西面，阳光充足，地势平坦开阔，夏季炎热、干燥，冬季寒冷、多风，以西北风和北风为主，是最多风的地点。住宅的北面，寒冷、多风、光照不足、地势低洼。住宅的东面，阳光照射时间较短，温度温和、风较少。住宅的东西两侧都是其他住户的宅基地，所以在植物设计上要考虑避免视野的通透，通过选用分枝点低的大灌木或者乔木形成相对私密的空间。

▲ 乔木遮挡视线通透

▲ 高绿篱栽植避免视线通透

根据图纸我们可以分析出，基地中的风向有以下规律：一年中住宅的南面、西南面、西面、西北面、北面风较多，而东面风较少，夏季以南风、西南风为主，冬季以西北风和北风为主。因此，在住宅的西北面和北面应该设置由常绿植物组成的防风屏障；住宅的南面是夏季风的主导风向，需要保持通畅的风道和开阔的视野；住宅的西南面临近人行道需要设置视觉屏障；住宅的北面临近车行道，噪声较大，需要设置视觉屏障和隔音带；住宅的东面与其他住户相邻，需要设置视觉屏障。

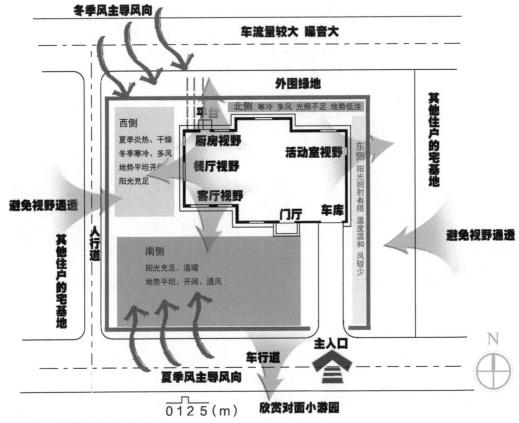

▲ 别墅庭院基地小气候分析图

住宅墙角的基础栽植方面，首先要考虑不能遮挡阳光。住宅室内南面是客厅，业主希望通过客厅的窗户能够欣赏外面的风景，所以在南侧的基础栽植上需要保持通透。住宅东侧的墙角光照时间有限，一般只有上午有阳光照射进来，所以在植物选择上要考虑耐半阴的植物。住宅东北角由于现在地势相对低洼，背面光照不足，所以要选择耐阴湿的植物。此外，厨房北面的这块小区域由于地下设有管线（水管、煤气管、电缆），所以在植物栽植上一定要选择浅根性的耐阴植物。

根据风向，我们可以确定植物类型和植物的种植方式。建筑的西北角是冬季的主要风向，所以我们选择常绿植物群植的方式。住宅的南面是夏季的主导风向，为了能够让室内外空间空气流通，住宅的南面植物就要考虑丛植的种植方式，局部点缀高大乔木用来遮荫，以灌木丛植为主。

庭院小气候共性特征

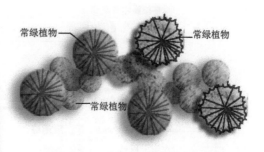

散乱布置常绿植物，会使布局琐碎

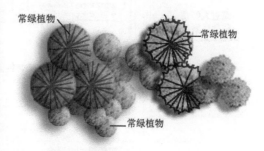

集中布置常绿植物，会使布局统一

▲ 住宅西北角选用常绿植物群植

▲ 常绿植物集中布置

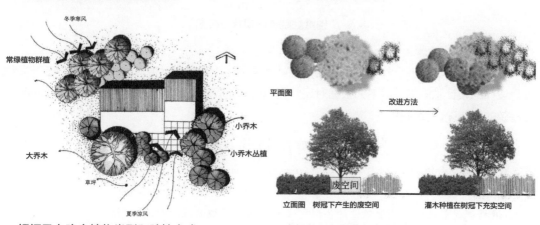

▲ 根据风向确定植物类型和种植方式

▲ 树冠下种植灌木充实空间

　　住宅的厨房外南侧地下管线较多，这个地段要种植浅根性的植物，如地被、草坪、花卉等，避免栽植深根性植物。北侧紧邻车道，车流量大、有噪声，应在庭院边缘设置视觉屏障和隔离带。庭院的西南侧与其他住宅地相邻，需要保持私密性。西南侧原有地形稍有起伏，是庭院的主要空间。建筑的东南侧紧邻车道，需要设置视觉屏障和隔音带。

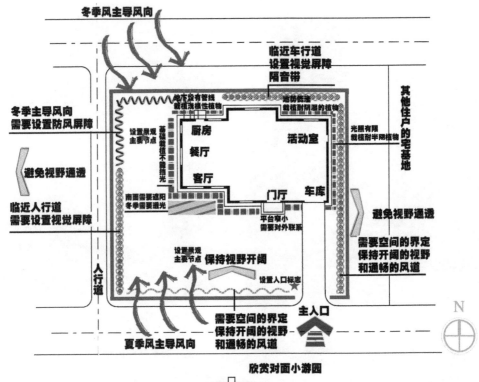

▲ 别墅庭院基地现状分析图

3 编制项目设计意向书

对项目基地资料进行分析研究之后，设计者需要定出总体设计原则和目标，并制定出用以指导设计的设计意向书。以下为根据对现状图纸的分析及通过对业主信息的了解而编制的该别墅庭院的植物设计意向书。

某别墅庭院植物设计意向书

1.项目设计原则和依据

（1）原则：美观、实用。

（2）依据：《居住区环境景观设计导则》《城市居住区规划设计规范》等。

2.项目概况

该项目属于私人宅院，主要供家庭成员及亲友使用，使用人群较为固定，使用人数较少。

3.设计的艺术风格

简洁、明快、中西结合。

4.对基地条件及外围环境条件的利用和处理

（1）有利条件：地势平坦、视野开阔、日照充足。

（2）不利条件：外围缺少围合，外围交通对其影响较大，内部缺少空间分隔，交通不畅通，缺少入口标示，缺少可供欣赏的景观。

（3）现有条件的使用和处理方法。

入口：需要设置植物标示。

东侧：设置视觉屏障进行遮挡。

车道：铺装材料重新设计，注意与入口空间的联系。

南侧：设置主体景观、休息空间、交通空间，栽植观赏价值高的植物，利用植物遮荫、通风。

西侧：设置防风屏障，创造景观，设计小菜园，并配套工具储藏室，设置交通空间将前后庭院连通起来。

5. 功能区及其面积分配

入口集散空间 15m²，开敞草坪空间 60m²，聚餐空间 30m²，私密空间 8m²，小菜园 20m²，储物空间 6m²。

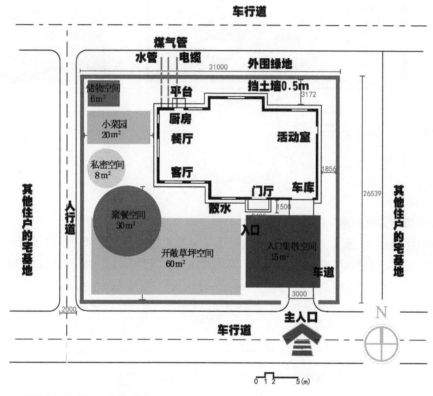

▲ 别墅庭院分区及面积分配

6. 设计时需要注意的关键问题

满足家庭聚会的要求，满足景观观赏的需要。

（二）功能分区

1 功能分区草图

本项目中，设计师根据项目获取的信息、甲方的设计要求，将别墅庭院划分为入口区、集散区、活动区、休闲区、菜地区。

2 植物功能分区图

在以上几个主要功能分区的基础上，植物种植主要分为8个区：植物防风屏障区、植物视觉屏障带、主入口植物主景区、开阔平坦草坪区、房屋前后种植区、植物视觉隔音屏障区、植物空间围合区、园艺植物种植区。

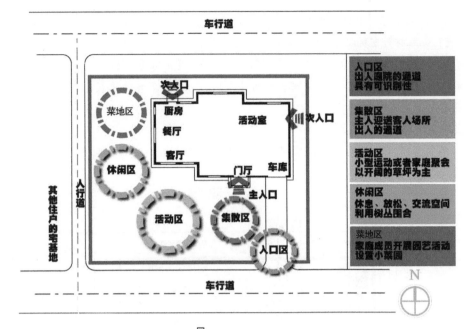

▲ 别墅庭院功能分析图

3 功能分区细化

（1）植物种植分区规划图

结合现状分析，在植物功能分区图的基础上，将各个功能分区继续分解，用符号标出各种植物种植区域，绘制植物种植分区规划图。植物种植分区规划图主要确定植物是常绿的还是落叶的，是乔木、灌木、地被、花卉、草坪中的哪一类，并不确定具体的植物名称。

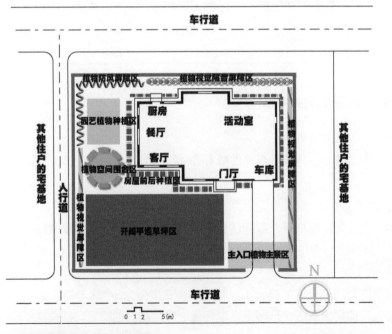

▲ 别墅庭院植物功能分区图

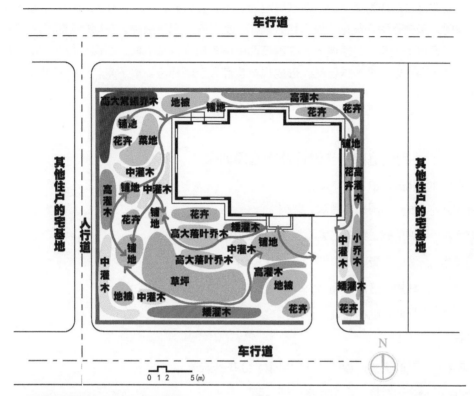

▲ 别墅庭院植物种植分区规划图

（2）植物立面组合分析图

在植物种植分区规划图的基础上，分析植物的组合效果，绘制植物立面组合分析图，确定植物的组合是否能形成优美、流畅的林冠线；另一方面也可以判断植物的组合是否能满足功能需要，如私密性、防风等。

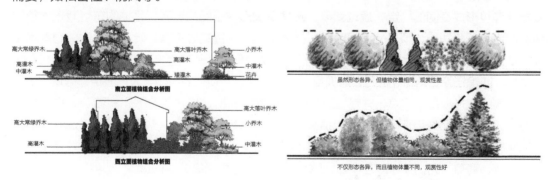

▲ 植物立面组合分析图　　　　　　　▲ 植物形态各异，组成流畅的林冠线

（三）别墅庭院植物种植设计

首先确定孤植树。孤植树构成整个景观的骨架和主体，需要先确定孤植树的位置、名称和规格。在项目建筑的南面与客厅窗户相对的位置上设置一株孤植

如何挑选合适的庭院主景树

树。本方案选择合欢作为孤植树，合欢树冠为伞形，夏季开粉色花。在入口处，选择栾树作为主要景观树，栾树夏季开黄花，秋季结红果。其次，确定配景植物。在项目南窗前栽植银杏，银杏可以保证夏季遮荫，冬季透光，在建筑西南侧栽植几株鸡爪槭、红枫，与西侧窗户形成对景。入口铺装平台处栽植一株桂花，形成视觉焦点和空间标志。接下来，选择其他植物（见表5.11）。

表5.11	别墅庭院初步设计植物选择列表
常绿大乔木	北美香柏、日本柳杉
落叶大乔木	银杏、国槐、合欢、栾树
小乔木	鸡爪槭、红枫、紫薇、木槿、桂花、罗汉松
高灌木	法国冬青、四季桂
中灌木	棣棠、红叶石楠、大叶黄杨
矮灌木	杜鹃、贴梗海棠
竹类	慈孝竹
花卉	花叶玉簪、萱草、红帽月季、红花酢浆草
地被	金边黄杨、金边麦冬、绣线菊
草坪	多年生黑麦草与高羊茅混播

如下图所示，在主入口车行道两侧栽植红花酢浆草和红帽月季形成花境，项目的东南侧栽植慈孝竹形成空间的界定，通过紫薇、贴梗海棠形成空间的过渡；基地的东侧栽植木槿，兼顾观赏和屏障功能；项目的北面寒冷、光照不足，选择花叶玉簪、萱草这类耐阴耐寒的植物；项目的西北侧利用北美香柏和日本柳杉构成防风屏障，并配置鸡爪槭、红枫、罗汉松、大叶黄杨、四季桂等观花观叶植物，与项目西侧形成联系；项目的西侧与人行道相邻区域栽植法国冬青高绿篱形成视觉屏障，并栽植观赏价值较高的国槐、桂花、石榴、紫薇等，形成优美的景观；项目南侧选择低矮的绣线菊植被，平坦的草坪点缀合欢、贴梗海棠，形成开阔的视线和顺畅的风道。庭院的菜地区可以种植南瓜、玉米、豇豆、秋葵、番茄、辣椒、茄子、草莓、蓝莓、葡萄、无花果等园艺作物，体验劳作。美好生活靠劳动创造。

最后在设计图纸中利用具体的图例标识出植物的类型、种植位置，并列出苗木规格表（见表5.12）。

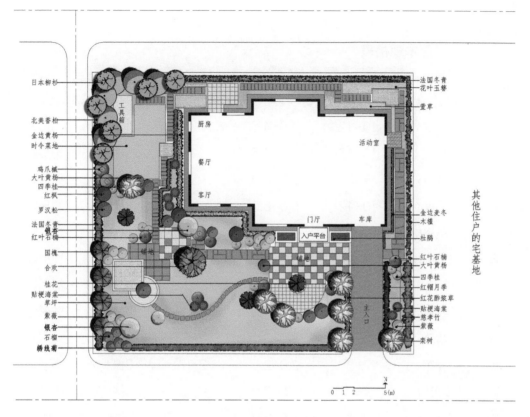

▲ 别墅庭院种植设计图

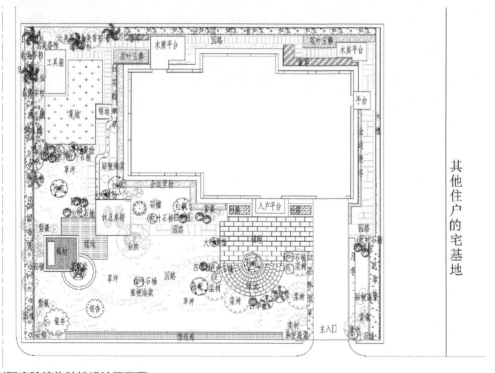

▲ 别墅庭院植物种植设计平面图

表5.12 苗木规格表

序号	植物名称	规格			数量	备注
		胸径（m）	苗高（m）	冠幅（m）		
1	合欢	10~12	4.0~4.5		1株	树形好
2	栾树	10~12	4.0~4.5		6株	树形好
3	银杏	7~8	3.5~4.0		2株	树形好
4	国槐	10~12	5.5~6.0		4株	树形好
5	北美香柏	10~12	5.5~6.0		6株	树形好
6	日本柳杉	7~8	5.5~6.0		4株	树形好
7	鸡爪槭	5~6	2.0~2.5		4株	树形好
8	红枫	5~6	2.0~2.5		3株	树形好
9	紫薇	3~4	1.5~2.0		12株	
10	桂花	7~8	2.0~2.5	2.0	3株	树形好
11	罗汉松	7~8	1.5~2.0		4株	树形好
12	四季桂	3~4	1.5~2.0		13株	
13	石榴		1.0~1.5		11株	
14	红叶石楠		0.8~1.0	1.5	11株	修剪球形
15	大叶黄杨		0.8~1.0	1.5	3株	修剪球形
16	贴梗海棠		0.58~0.6		11株	
17	法国冬青		1.5~1.8		16.5m^2	9株/m^2
18	木槿		1.5~1.8		7m^2	4株/m^2
19	杜鹃		0.2~0.3		3m^2	9株/m^2
20	花叶玉簪		0.2~0.3		8.5m^2	9株/m^2
21	萱草		0.5~0.6		6m^2	10株/m^2
22	红帽月季		0.3~0.5		4m^2	16株/m^2
23	红花酢浆草		0.2		8m^2	16株/m^2
24	金边黄杨		0.2~0.3		12m^2	25株/m^2
25	金边麦冬		0.2~0.3		2m^2	25株/m^2

续表

序号	植物名称	规格			数量	备注
		胸径（m）	苗高（m）	冠幅（m）		
26	慈孝竹		1.5~2.0		9m²	3株/m²
27	绣线菊		0.4~0.5		11.5m²	36株/m²
28	草坪	多年生黑麦草和高羊茅混播			300m²	

（四）课外拓展性任务与训练

1 专题讨论

（1）别墅庭院植物设计流程

（2）设计任务书的主要内容

（3）如何编写植物设计说明

2 项目实训——别墅庭院植物设计

（1）实训目的

通过实训，掌握别墅庭院植物设计的方法、特点，根据庭院的不同空间，因地制宜地进行设计，合理选择树种、植物对庭院空间进行划分，充分发挥庭院绿地的综合功能。能够进行多方案设计和比较，充分表达自己的设计意图和设计思想，强化学生手绘和电脑制图能力的训练。本次训练侧重于植物与建筑、围墙、入口，以及道路的联系和统一，体现植物功能的多样性。

（2）实训内容

选择某房地产开发公司开发建设的别墅庭院，做模拟植物设计。

庭院现状图纸

（3）植物设计要求

❶ 根据基地现状图，确定总体设计图的布局、设计原则、设计风格。

❷ 确定庭院的基调树种、骨干树种、造景树种。

❸ 确定不同空间的密林、疏林、林间空地等种植方式和树林、树丛、树群、孤立树等的栽植点。

❹ 在植物的配置上要考虑三季有花、四季常绿、无污染无毒，观赏价值要高并尽量选用本土树种。

❺ 图面表现能力：按要求完成设计图纸，能满足设计要求；图面构图合理；清洁美观；线条流畅；图例、比例、指北针、设计说明、文字、图幅等要素齐全，且符合制图规范。

3 实训成果

❶ 按时完成现状分析图、功能分析图、植物功能分区图、植物种植规划图、植物立面组合效果图、植物种植设计平面图（包括彩色平面图、CAD设计图）、植物苗木表。

❷ 按时完成与设计相符合的植物设计说明书（项目概况、功能分析、种植设计）。

❸ 按时完成汇报项目PPT。

4 总结和拓展案例

（一）总结

别墅作为一种高端的居住产品，有比其他普通居住形式更强的环境依赖性。要充分考虑别墅庭院种植与外界环境的融合，使别墅与环境成为一体空间。应充分利用空间扩大绿化面积，在有限的绿地中进行植物造景，选择优良乡土树种为骨干树种，积极引入易于栽培的新品种，驯化观赏价值较高的野生物种，丰富园林植物品种，形成色彩丰富、多种多样的景观。

别墅庭院植物设计
总结

（二）拓展案例

案例一：独栋别墅庭院植物种植设计

工于谨·匠于
心——种植施工图
的设计规范

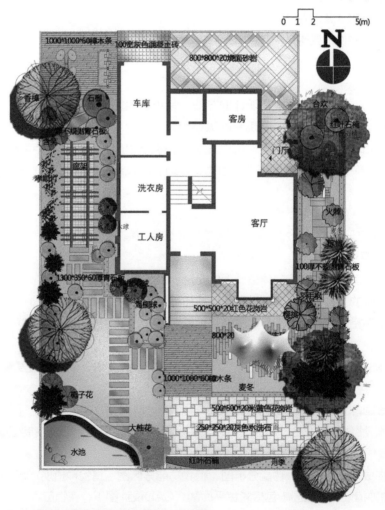

▲ 独栋别墅庭院植物种植设计平面图

案例二：独栋别墅前院植物种植设计

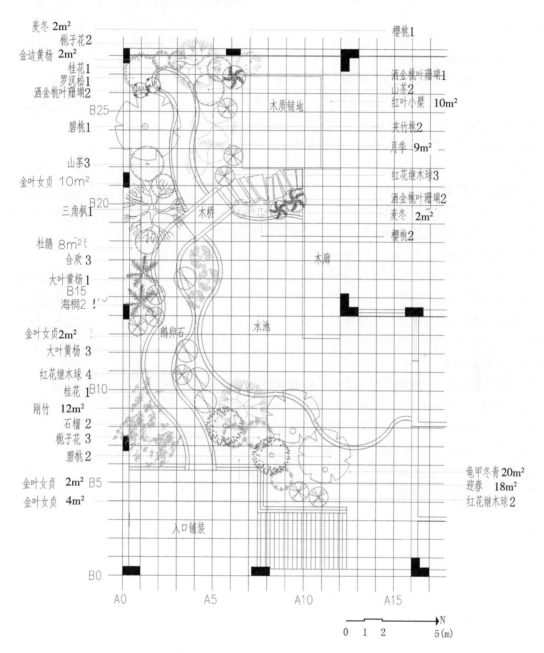

麦冬 2m²
栀子花2
金边黄杨 2m²
桂花1
罗汉松1
洒金桃叶珊瑚2
B25
碧桃1
山茶3
金叶女贞 10m²
三角枫1 B20
杜鹃 8m²
合欢3
大叶黄杨 1
B15
海桐2
金叶女贞2m²
大叶黄杨3
红花继木球4
桂花 1 B10
刚竹 12m²
石榴2
栀子花3
碧桃2
金叶女贞 2m² B5
金叶女贞 4m²
B0

樱桃1
洒金桃叶珊瑚1
山茶2
红叶小檗 10m²
夹竹桃2
月季 9m²
红花继木球3
洒金桃叶珊瑚2
麦冬 2m²
樱桃2
龟甲冬青20m²
迎春 18m²
红花继木球2

木质铺地
木桥
木廊
水池
鹅卵石
入口铺装

A0 A5 A10 A15

→ N

0 1 2   5(m)

▲ **独栋别墅庭院（前院）植物种植设计平面图**

知识拓展

别墅庭院配置模式

（1）生态观赏型

该模式要求遵循地带性植被的生物学规律，应用植物生态位互补、互惠共生的生态学原理，科学配置植物群落，体现生态环境的地方风韵和文化特色。典型的群落配置如：桂花+广玉兰+白玉兰—梅+紫薇+黄馨—红花酢浆草+麦冬等。

（2）生态保健型

此模式结构要求加大复层立体绿化，突出生态保健功能，兼顾景观质量要求。绿化的树种必须选用无毒的乔灌木，可以选择美观、生长快、管理粗放的药用、保健、香味植物，既利于人体保健，又可调节身心、美化环境。在优先选择保健植物的同时，还应注意花期较长及色叶植物的选配。典型的群落配置如：香樟+罗汉松+榉树+木瓜—含笑+十大功劳+紫藤—鸢尾+葱兰等。

（3）休闲生态型

此模式要求在注意植物生态功能发挥的同时，结合其他园林要素，如园林小品等，考虑遮荫、运动、烧烤等休闲需要，合理地配置恰当的植物。可用形色优美、抗性较强的树种，还可以选择配置一些果树，以增加生活的情调。典型的群落配置，如：橘+女贞+柿+枫香—山茶+南天竹+碧桃—玉簪+吉祥草等。

★ ★ ★ **学习总结** ★ ★ ★

重点 别墅庭院现状分析、功能分区、植物种植分区规划、植物种植设计平面图、植物的合理应用。

难点 设计意向书、植物设计说明、植物组合效果立面分析、设计理念创新、图纸艺术设计表现。

美丽乡村背景下的
可食花园设计

城市居住区
景观植物设计

 导引

居住区是人类生存和发展的主要场所，居住区绿地是城市绿地系统的重要组成部分，而植物作为居住区绿地建设的主体，对居住区的生态环境发挥着平衡和调节的作用。树木的高低、树冠的大小、树形的姿态和色彩的四季变换，使居住区里没有生命的住宅建筑富有浓厚的生活气息。因此，植物景观成为居住区环境景观中的重要组成部分。近年来，我国在居住区建设中，不仅改进住宅建筑单体设计，而且更加重视居住区环境景观质量的提高，特别是植物绿化方面，注重居住区绿地的艺术布局、丰富的植物搭配，建成了大批花园式的居住区。

学习单元 6

学习单元6思维导图

1 居住区绿地类型和绿化指标

（一）绿地类型

我国1994年制定的《城市居住区规划设计规范》中规定：居住区绿地包括居住区公共绿地、宅旁绿地、居住区道路绿地及公建设施绿地等。

居住区绿地的基础知识

1 居住区公共绿地

居住区公共绿地是指满足规定的日照要求、适合于安排游憩活动设施的、供居民共享的集中绿地。根据居住区的不同规模，公共绿地主要包括居住区公园（居住区级）、小游园（小区级）和组团绿地（居住组团）及其他块状带状绿地等。

▲ 西溪诚园公共绿地

▲ 上海河滨花园小区组团绿地

2 宅旁绿地

宅旁绿地是指建筑前后两排住宅之间的绿地，其大小和宽度决定于楼间距，一般包括宅前、宅后以及建筑物本身的绿地，它是居住区绿地内总面积最大的绿地类型。

▲ 西溪诚园宅旁绿地

▲ 星域华府宅旁绿地

3 居住区道路绿地

居住区道路绿地是指居住区内道路红线以内的绿地，其靠近城市干道，具有遮荫、防护、丰富道路景观等功能。

4 公建设施绿地

公建设施绿地是指各类公共建筑和公共设施，如居住区幼儿园、居住区会所四周的绿地，其绿化布置要满足公共建筑和公共设施的功能要求。

▲ 常熟长泰花园道路绿地实景

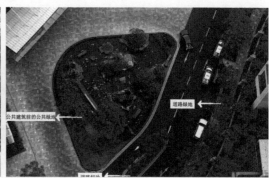

▲ 深圳万象城小区公共绿地及道路绿地实景

（二）绿化指标

随着物质文化生活水平的提高，人们对居住环境的要求也越来越高，居住区的绿地率是衡量居住环境的一项重要指标。我国规定居住区绿地面积至少占总用地的30%，新建居住区绿地率要在40%~60%，旧区改造绿地率不能低于25%。《绿色生态住宅小区的建设要点和技术导则》中还规定了一项指标：每100m²的绿地要有3株以上乔木；华中、华东地区木本植物种类不少于50种；华南、西南地区木本植物种类不少于60种，以保证居住区植物种类的多样性。

（三）课外拓展性任务与训练

1 专题讨论

城市居住区绿地类型

2 项目实训

收集居住区绿化设计图片，并注明绿地类型。

2 居住区景观植物设计

（一）总体设计

从生态方面考虑，植物的设计应该对人体健康无害，有助于生态环境的改善；从景观方面考虑，植物的设计应有利于居住区环境的尽快构建，应选用易于生长、易于管理的乡土树种，考虑各个季节、各个绿地空间的不同植物景观效果。

居住区景观植物设计

1 确定基调树种

主要用做行道树和庭荫的乔木树种的确定要基调统一，在统一中求变化，以适合不同绿地的需求。如右图，在道路绿化时，主干道以落叶大乔木银杏为主，选用紫叶李、大叶黄杨球、合欢加为陪衬，路缘选用草花等加以点缀。

▲ 道路绿化基调树种

2 以绿色为主调，适量配置各类观花植物，以达到画龙点睛之妙

如下图所示，在居住区入口处，种植体型优美、季节变化强的乔灌木，并搭配色彩鲜艳的花卉植物，以增强居住区的可识别性。

▲ 优山美地小区入口实景

3 乔、灌、草、花结合，常绿与落叶结合，孤植、丛植、群植结合

构成多层次的复合群落结构，使居住区的绿化疏密有致。

4 选用具有不同香型的植物给人独特的嗅觉感受

可以选择的植物如广玉兰、桂花、栀子花、含笑等。

▲ 常绿乔木广玉兰

▲ 常绿灌木含笑

5 选用与地形相结合的植物种类

如下图左所示是居住小区的景观水系，水池周边种植了亲水绿地地被，采用了鸢尾、毛杜鹃、红花檵木、金叶女贞球和云南素馨等品种，与景观水池压顶、景石有机结合，形成形态自然且叶色、叶形、花色和层次丰富的亲水绿地效果。如下图右所示，在居住区中心广场中，通过金叶女贞绿篱与台阶结合，强化地形，突出广场的向心性。

▲ 亲水植物配置实景

▲ 植物与地形相结合，强化地形

如下图所示，在起伏的地形中，将植物种植在地势低的位置，可以减弱或消除由地形所构成的空间。相反，如果将植物种植在地势高的位置，可以增强由地形所构成的空间。

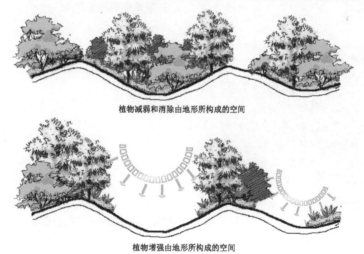

植物减弱和消除由地形所构成的空间

植物增强由地形所构成的空间

▲ 植物与地形相结合

（二）分项设计

1 居住区公共绿地植物设计

居住区公共绿地以植物材料为主，与地形、山水和景观建筑小品等构成不同功能、变化丰富的空间，为居民提供各种特色空间。

（1）居住区小游园植物设计

小游园以植物造景为主，考虑四季景观。要体现春景，可种植垂柳、玉兰、迎春、连翘、海棠、樱花、碧桃等，使得春日杨柳青青，春花灼灼；要体现夏景，则宜选用悬铃木、栾树、合欢、木槿、石榴、凌霄、蜀葵、紫薇等，炎炎夏日，绿树成荫、繁花似锦；要体现秋景，则宜选用银杏、枫树、火棘、桂花、爬山虎等，使得秋日硕果累累、红叶漫漫；要体现冬景，则宜选用蜡梅、雪松、白皮松、龙柏等，使得小游园做到三季有花、四季有绿。

下图左所示的居住区公共绿地空间，绿地四周由乔灌木背景林形成围合空间，中间布置开敞大草坪，林带边缘可种植灌木色块或花镜，大草坪空间可孤植庭荫树。草坪绿地的堆坡造型需自然、饱满和平整，适用草皮主要品种有暖季型矮生百慕大草、日本结缕草及百慕大草与黑麦草（冷季型）混播草。

▲ 公共绿地开敞草坪

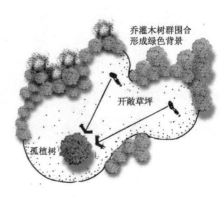

▲ 开敞草坪孤植庭荫树

▲ 自然草坪堆坡

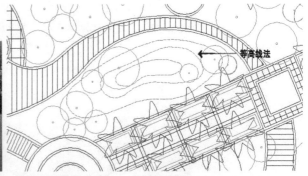

▲ 草坡平面表示方法——等高线法

（2）居住区组团绿地植物设计

居住区组团绿地是不同建筑群组合而成的绿化空间，用地面积不是很大，但离住宅最近，居民能就近方便使用，尤其是老人和儿童。在植物设计上要考虑到他们生理和心理的需要。可利用植物围合空间，以绿色作为基调颜色进行植物布置。如香树湾"和院"居住区中，4个组团绿地分别选用桂花、桃花、海棠、梅花4类植物作为组团主景树，结合其他花木栽植，形成各自不同的氛围和意境。

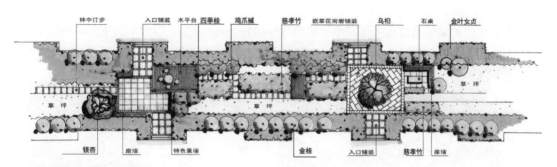

▲ 桂花园组团绿地平面图

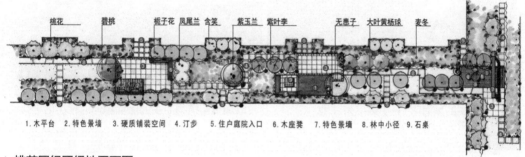

1.木平台 2.特色景墙 3.硬质铺装空间 4.汀步 5.住户庭院入口 6.木座凳 7.特色景墙 8.林中小径 9.石桌

▲ 桃花园组团绿地平面图

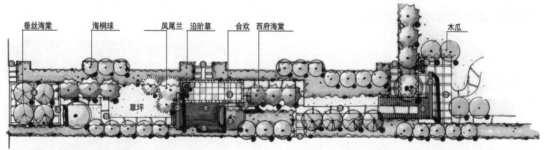

1.木平台 2.特色景墙 3.硬质铺装空间 4.树阵小广场 5.木座凳 6.住户庭院入口 7.特色景观树(合欢) 8.林中小径 9.特色陶罐

▲ 海棠园组团绿地平面图

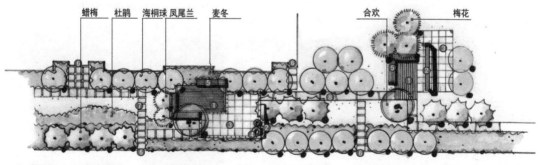

1.木平台 2.特色景墙 3.硬质铺装空间 4.特色陶罐 5.木座凳 6.住户庭院入口 7.汀步 8.林中小径

▲ 梅园组团绿地平面图

（3）居住区宅旁绿地植物设计

根据居民的文化品位与生活习惯可将宅旁绿地分为4种类型：以乔木为主的宅旁绿地、以观赏型植物为主的宅旁绿地、以瓜果园艺型为主的宅旁绿地和以绿篱或花境界定空间为主的宅旁绿地。

▲ 以乔木为主的星海湾1号小区宅旁绿地   ▲ 以观赏型植物为主的深圳星河时代小区宅旁绿地

宅旁绿地在植物设计上要结合空间的尺度感，要根据场地的大小、高度、建筑风格的不同，选择合适的树种。靠近房基处不宜种植乔木或灌木，以免遮挡窗户，影响通风和室内采光，而在住宅的西面需要栽植高大落叶乔木，以遮挡夏季日晒，在草坪的选择上要选择耐践踏的草坪，阴影区宜种植耐阴植物。

2 居住区道路植物设计

居住区道路主要分为主干道、次干道、游步道3级道路。主干道是联系居住区内外的通道，除了人行外，车行比较频繁，行道树的栽植要考虑遮荫与交通安全。右图上为居住区主入口道路中间分车绿带，规整式小灌木色带由夏鹃、金边黄杨、红花继木3种不同叶色的矮灌木片状种植，加上枸骨球，形成整齐、饱满、层次分明的道路绿化色带效果。在车行道两旁，下层选用灌木色带红叶石楠，加上列植的行道树落叶大乔木乐昌含笑，以及间隔种植的红叶石楠球，从而形成具有纵向韵律和空间层次、强烈引导感的道路植物景观。次干道用以划分组团，以人行为主，通车为次。绿化树种应选择开花或富有叶色变化的植物，与宅旁绿化密切结合。

▲ 居住区入口道路植物配置实景

右图下为某居住区人行游步道，两侧草坪自然嵌入步道石板材铺装，左侧以红花檵木、大叶黄杨、鸡爪槭等形成与车行道路的隔离绿带，右侧与水系相连种植毛鹃、金边黄杨色块、灌木球及鸢尾、再力花等

▲ 居住区游步道植物配置实景

水生植物，形成自然、亲水的游步道景观。

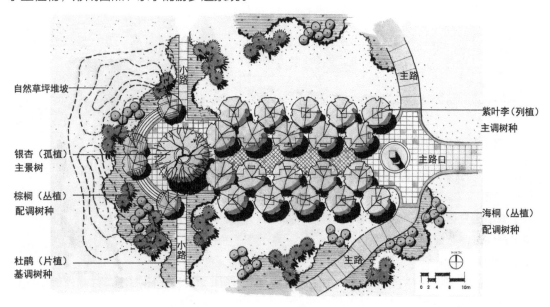

▲ **某居住区入口道路植物配置平面图**

上图所示为某居住区入口的道路植物配置平面图，主路口两旁采用规则式配置，选用紫叶李两行列植，作为主调树种。主路的西侧孤植一棵落叶乔木银杏作为主景树，最西侧的绿地中上层选用棕榈、中层选用海桐、下层选用杜鹃，并创造自然草坡，形成主景树的绿色背景。

如下图左所示，在小游园游步道道路节点空间，地面硬质铺装的直角围边采用了毛鹃色块配红花继木球，在直角部位草坪上种植无刺构骨球来收住铺装硬角，形成具有围合感、美观的中庭景观节点空间。下图右左边的平面图中，植物没有很好地与铺地形式相结合，植物在配置上显得无序；右边的平面图中，植物的配置突出了铺地的形式，从而强化铺装空间的围合感。

▲ 道路节点植物配置实景	▲ 植物与铺装形式的结合

在居住区主干道植物设计上，要考虑人行道上行人的遮荫功能，上层选择高大落叶乔木，下层选择耐阴花灌木。在次干道的两侧植物设计上可以乔灌木高低错落自然布置，并与支干道两侧的宅旁绿地密切结合，形成有机整体。

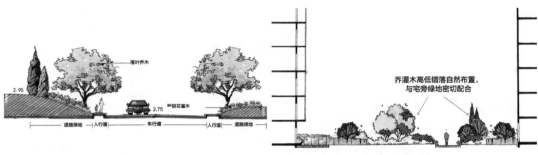

▲ 居住区主干道绿化剖面图　　　　　　　　▲ 居住区次干道绿化剖面图

（三）课外拓展性任务与训练

1 专题讨论

（1）城市居住区公共绿地的类型

（2）居住区道路绿地设计要点

2 项目实训

　　选取周边口碑较好的居住区绿地进行实地的现场调研，撰写调研报告，并制作调研报告PPT。调研报告的格式如下。

标题：关于××居住区植物设计的调研报告

一、导言

　　　1.调研时间：

　　　2.调研地点：

　　　3.调研方法：

　　　4.考察内容：

　　　5.调研目的：

二、基本情况介绍

三、调研情况介绍

　　　1.设计风格：

　　　2.植物的选择：

　　　3.植物的搭配（见表6.1）：

表6.1　植物调查表

序号	植物名称	规格	单位	数量	长势	位置	处理方法
1							
2							
3							
…							

四、调研总结

3 居住区植物景观群落推荐

（一）四季景观

1 体现春景的植物群落

❶ 上层：雪松。中层：白玉兰、樱花+西府海棠或紫荆。地被：紫花地丁

❷ 上层：垂柳+鹅掌楸或臭椿。中层：女贞+丁香或紫叶桃。下层：榆叶梅+迎春、野蔷薇、锦带花、海州常山。地被：鸢尾+二月兰或五叶地锦。

2 体现夏景的植物群落

❶ 上层：圆柏+国槐+合欢。中层：紫叶李+紫薇或石榴—平枝枸子或卫矛。地被：玉簪。

❷ 上层：意大利杨+栾树。中层：小叶女贞+木槿或珍珠梅。下层：月季或美人蕉。地被：石蒜或半枝莲。

3 体现秋景的植物群落

❶ 上层：老鸦柿或银杏+火炬漆。中层：平枝枸子。地被：阔叶麦冬。

❷ 上层：水杉+湿地松+鸡爪槭。中层：荚蒾属或山楂+冰生溲疏。下层：月季+紫叶小檗或铺地柏。

4 体现冬季景观的植物群落

❶ 上层：雪松+朴树。中层：腊梅。下层：构骨。地被：铺地柏+书带草。

❷ 上层：黑松+柽（cheng）柳+银杏。中层：竹类+火棘。地被：白三叶。

如何营造保健植物
设计群落

（二）保健型人工植物群落

❶ 上层：圆柏（侧柏或雪松）+臭椿（或国槐、白玉兰、柽柳、栾树）。中层：大叶黄杨+碧桃+金银木（或紫丁香、紫薇、接骨木）。下层：铺地柏+丰花月季或连翘。地被：鸢尾或麦冬。

❷ 上层：白皮松（粗榧或洒金扁柏）+银杏（栾树、杜仲、核桃、丁香）。中层：早园竹+海州常山（珍珠梅、平枝枸子、构骨、黄刺玫）；地被：萱草+早熟禾。

（三）芳香类植物群落

❶ 广玉兰—栀子+蜡梅—月季。

❷ 白玉兰+银杏—结香+栀子—十姐妹+红花酢浆草。

❸ 银杏—桂花+含笑—红花酢浆草。

居住区公共绿地
设计流程

4 居住区公共绿地项目实施

本部分以伯爵山庄公共绿地项目为依托，讲解居住区公共绿地植物设计的项目设计流程。

（一）项目分析

该项目位于小区入口，属于居住区公共绿地类型。小区入口位于东北侧，入口设有圆形广场，广场中心设置旱喷，广场的南侧为小型水池，水池中设有喷泉。继续往南，设置了透景景墙，景墙的南侧是一块占地面积约2600m²的公共绿地，绿地东南侧设有大草坪，草坪中设有汀步，将绿地中的休闲广场和绿岛广场相连接。绿地西侧设有儿童游乐区，南侧设有亭廊，西北侧设有树池坐凳、木质平台，沿着铺装，结合台

公共绿地植物设计
流程图

阶设计了几个自然式绿岛。

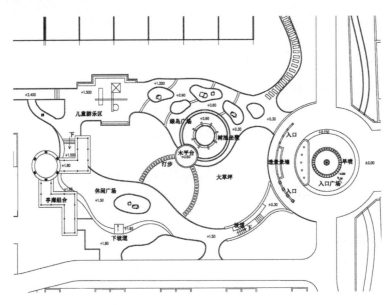

▲ 伯爵山庄公共绿地平面图

（二）植物种植设计

1 方案构思

该项目充分利用植物围合不同空间，并将不同空间通过不同类型植物加以分隔，形成各具特色的空间。

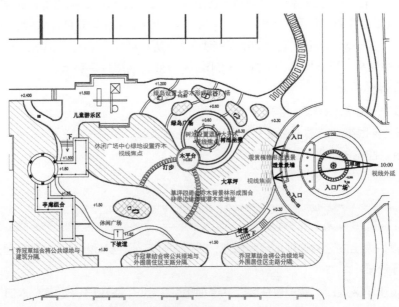

▲ 伯爵山庄公共绿地植物设计方案构思

2 方案设计

（1）选择树种

在植物选择和配置上，应以所在地区的乡土植物种类为主，达到乔、灌、草兼有，终年保持丰富的绿貌，形成春花、夏绿、秋色、冬姿的美好景象（见表6.2）。

表6.2	伯爵山庄公共绿地方案设计植物选择列表
常绿大乔木	香樟
落叶大乔木	榔榆、水杉、马褂木、合欢
小乔木	棕榈、红枫、紫叶李、樱花、碧桃、桂花、蜡梅、春梅
灌木	海桐、红花檵木
竹类	淡竹
地被	杜鹃、金边黄杨、麦冬
草坪	高羊茅

（2）植物配置形式

应根据选择的植物类型，考虑不同的植物配置形式：（1）榔榆+棕榈、桂花、樱花+红花檵木球；（2）棕榈、桂花、红枫+红花檵木球+海桐球；（3）香樟、水杉、合欢+红枫+金边黄杨、杜鹃；（4）合欢+蜡梅、红枫+海桐球；（5）香樟+桂花+麦冬；（6）香樟、合欢+紫叶李、春梅+海桐球。

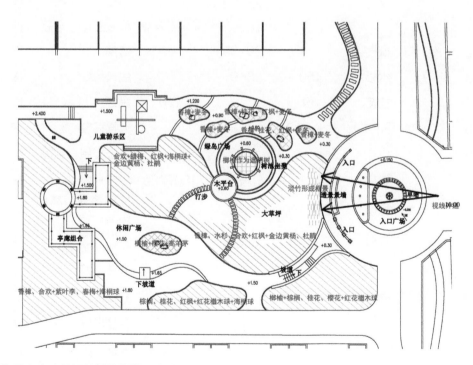

▲ 伯爵山庄公共绿地植物配置分布图

（3）种植设计

在设计图纸中利用具体的图例标识出植物的类型、种植位置、并列出苗木规格表。（见表6.3，电子图纸在网盘下载。）

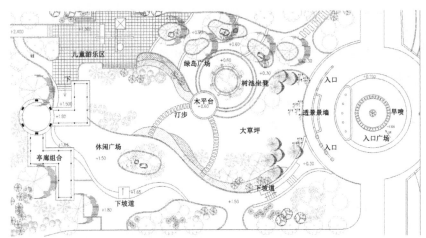

▲ 伯爵山庄公共绿地植物种植设计图

表6.3		伯爵山庄公共绿地苗木规格表						
编号	图例	名称	特征				计量要求	工程数量
			高度	秆径（cm）	冠幅（cm）	质量要求		
1		香樟		25~30		选型	株	
				8~9	250	移栽三年，全冠	株	
2		榔榆		30~35		选型	株	
3		水杉	450	8~9		生长势好	株	
4		桂花	60		120	金桂	株	
5		马褂木		7~8		冠幅完整	株	
6		合欢		8		姿态舒展，全冠	株	
7		蜡梅	200~250	5分枝以上	180~220	分枝形好	株	
8		棕榈	120~180			棕高各异，高低错落	株	
9		红枫		3~3.5		冠形优美 分枝点60cm以上	株	
10		紫叶李		3		分枝形好	株	
11		樱花		4		分枝形好	株	
12		碧桃		4		分枝形好	株	
13		海桐球	100		120	光球，不脱脚	株	
14		红花继木球	100		100	光球，不脱脚	株	
15		春梅		4	120	红梅绿梅各半	株	
16		淡竹		3以上			杆	
17		金边黄杨	60				株	

续表

编号	图例	名称	特征				计量要求	工程数量
			高度	秆径（cm）	冠幅（cm）	质量要求		
18		杜鹃	60					
19		麦冬						
20		高羊茅				满铺		

（三）课外拓展性任务与训练

项目实训——居住组团绿地植物设计

（1）实训目的

通过实训，能够掌握居住区植物设计的方法、特点、要求，根据绿地的不同位置和类型，因地制宜地进行绿化设计，使树种选择、植物配置与居住建筑和环境协调统一，充分发挥居住区绿地的综合功能。本次训练侧重于植物和道路、花坛、铺装、建筑之间的联系和统一。

（2）实训内容

选择某居住组团绿地做模拟设计。小区入口位于南侧，6幢住宅围合成一个组团绿地，四周道路循环畅通并通向各个建筑单元入口。中心组团绿地主要由铺装、花坛组成，总体为规则式布局。（电子图纸在网盘下载。）

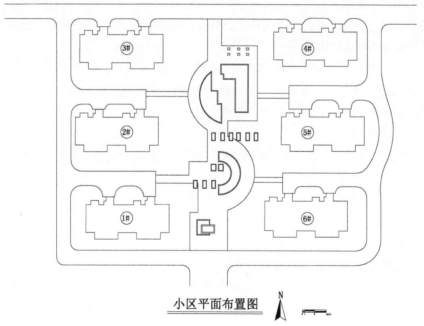

小区平面布置图

▲ **小区平面布置图**

（3）植物设计要求

❶ 根据总体设计图的布局、设计的原则，确定绿地的基调树种、骨干树种、造景树种，考虑道路绿地、宅旁绿地、组团绿地等不同绿地类型的植物设计要求和不同种植方式。

149

② 季节分明：三季有花、四季常绿；无污染无毒；观赏价值高；尽量选用本土树种。

③ 建筑周围绿化，要选择低矮花灌木，不能影响建筑内通风采光。宅间绿化要根据楼间距大小和楼的高低，合理确定植物类型。道路绿地在植物选择上需考虑遮荫、不同等级道路植物配置的区分和组织交通的功能。组团绿地要结合花坛设计创造丰富植物景观。

（4）实训成果

居住区植物设计
总结

① 小区绿地种植设计图（CAD图），比例为1∶200～1∶300；

② 植物设计说明书（立地条件分析、植被类型分析、植物造景分析）；

③ 植物配置表。

5 总结和拓展案例

（一）总结

居住区的植物景观设计必须以充分发挥植物特性的功能为目标，组织层次丰富的植物群落、构造季相各异的植物景观，融合生态理念，以形成合理的、丰富多彩的空间序列，为人们创造出美丽的自然空间。

践行海绵城市理念·
推进城市发
展——雨水花园的
植物景观营造

（二）拓展案例

案例：郑州非常国际居住区植物设计

本案例中，小区运用植物将绿地划分为不同特色空间。各个空间运用代表植物，创造不同植物景观，并为小区居民营造具有保健功能的外部环境景观，从而提升居住区绿地的内涵和功能。

居住区植物设计

① 南入口植物：广玉兰、合欢、伊拉克蜜枣、月季、小叶黄杨。

② 春景植物：樱花、贴梗海棠、红叶李、红瑞木、紫丁香、榆叶梅、棣棠。

③ 夏景植物：合欢、紫藤、栾树、石榴、七叶树、火棘、玫瑰、女贞、凌霄、广玉兰、山楂、月季、八仙花、玉簪。

④ 秋景植物：桂花、七叶树、八角金盘、枇杷、鸡爪槭、红枫、青桐、红枫、枫杨。

⑤ 养肾植物：杜仲、女贞、悬铃木、石榴、竹叶椒。

⑥ 养肺植物：枫杨、朴树、枇杷、七叶树、花椒、细叶十大功劳。

⑦ 养心植物：合欢、柿树、国槐、梨树、枣树、连翘、木通。

⑧ 养脾植物：玉兰、杏树、竹叶椒、火棘、麦冬。

⑨ 养肝植物：垂柳、山楂、栾树、楝树、玫瑰。

⑩ 外环行道树植物配置：国槐+广玉兰间植。

⑪ 内环及组团行道树植物配置：黄金树、枇杷、龙爪槐、垂柳、柿树、桂花、女贞、榉树、红叶李、银杏。

⑫ 宅前绿地植物配置：桂花、枇杷、蚊母、红枫、海桐、金丝桃、桃叶珊瑚、棣棠、碧桃、红瑞木、蜡梅、刚竹、紫竹、牡丹、月季、榆叶梅、常春藤。

⑬ 草坪及草花植物配置：草坪为高羊茅、麦冬，草花按季节种植。

居住区植物设计图纸的类型

（1）植物设计平面图

植物设计平面图主要由植物种植平面图、苗木配置表、方格网3部分组成。在植物种植平面图中应标明每种树木的准确位置。树木的位置可用树木平面图的圆心或圆心的短十字线表示。在图面上的空白处用引线和箭头符号标明树木的种类，也可用数字或代号简略标注。同一种树木群植或丛植时可用细线将其中心连接起来统一标注。（电子图纸在网盘下载。）

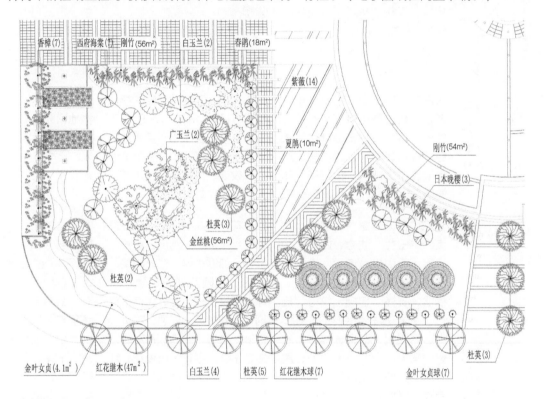

▲ **植物设计平面图（局部）**

（2）苗木配置表

在植物苗木表中应包括植物的序号、植物名称、拉丁名等内容。

（3）方格网

在绘制种植平面图时，最好根据参照点或参照线做方格网，网格的大小应以相对准确地表示种植的内容为准。

★★★ **学习总结** ★★★

重点 绿地类型、居住区绿化指标、居住区公共绿地植物设计、居住区道路植物设计。

难点 各种植物类型、不同绿地类型的植物设计区别、植物设计与景观文化内涵的提炼。

附录1：各个植物区代表城市的常用景观植物一览表

省市	区划	乔木	灌木	草坪、地被
北京、太原、济南、天津、石家庄、秦皇岛	北部暖温带落叶阔叶林区	银杏、钻天杨、泡桐、旱柳、合欢、国槐、刺槐、悬铃木、梧桐、板栗、元宝枫、千头椿、核桃、榆、桑、玉兰、海棠花、山楂、栾树、油松、白皮松、乔松、华山松、龙柏、雪松、杜松、侧柏	沙地柏、大叶黄杨、铺地柏、金银木、天目琼花、白玉棠、玫瑰、月季、麻叶绣球、紫荆、丁香、迎春、石榴、金叶女贞、小叶女贞、珍珠花、雪柳	野牛草、紫羊茅、中华结缕草、日本结缕草、羊茅、蒲公英、二月兰、白三叶、羊胡子草、紫花地丁、匍茎剪股颖
哈尔滨、长春	带阔叶混林温针叶交林区	长白松、樟子松、黑皮油松、紫杉、长白侧柏、辽东冷杉、杜松、青杆、兴安落叶松、长白落叶松、旱柳、粉枝柳、五角枫、杏、山槐、山荆子、花曲柳、山杨	天山圆柏、沙地柏、矮紫杉、欧洲丁香、水蜡、匈牙利丁香、喜马拉雅丁香、黄刺玫、玫瑰、刺梅蔷薇、东北珍珠梅、玫瑰、风箱果、花木蓝、天目琼花、刺五加	草地早熟禾、林地早熟禾、加拿大早熟禾、紫羊茅
郑州、西安	南部暖温带落叶阔叶林区	云杉、桧柏、龙柏、刺柏、女贞、广玉兰、油松、白皮松、黑松、华山松、赤松、雪松、日本花柏、日本扁柏、侧柏、枇杷、石楠、棕榈、蚊母、桂花、刺桂水杉、银杏、悬铃木、毛泡桐、泡桐、梓树、楸树、桑树、青桐、毛白杨、黄连木、国槐、龙爪槐、刺槐、合欢、乌桕、旱柳、垂柳、枫杨、核桃、槲栎、光叶榉、栾树、小叶朴、杜仲、板栗、麻栎、栓皮栎、柿树、构树、白蜡、洋白蜡、玉兰、枣树、鸡爪槭、红枫、茶条槭、五角枫、流苏、刺楸、楝树、丝棉木、四照花、七叶树、臭椿、千头椿、东京樱花、杏、木瓜、海棠花、紫叶李、白梨、日本晚樱、山楂、碧桃	珍珠花、粉花绣线菊、现代月季、平枝枸子、鸡麻、紫竹、棣棠、细叶小檗、紫叶小檗、牡丹、东陵八仙花、木本绣球、三桠绣球、金叶女贞、紫荆、小叶女贞、连翘、丁香、雪柳、迎春、蜡梅、锦鸡儿、胡枝子、太平花、山梅花、红端木、锦带花、海仙花、天目琼花、金银木、石榴、花椒、竹叶椒、木槿、秋胡颓子、紫珠、紫薇、紫玉兰	中华结缕草、日本结缕草、马尼拉结缕草、草地早熟禾、早熟禾、匍茎剪股颖、小糠草、紫羊茅、羊茅、双穗雀稗、麦冬、红花酢浆草、鸢尾、萱草、紫萼、玉簪、白三叶、二月兰、车前草

省市	区划	乔木	灌木	草坪、地被
上海、南京、扬州、无锡、苏州、合肥	北亚热带落叶常绿阔叶混交林区	湿地松、黑松、赤松、白皮松、马尾松、罗汉松、雪松、桧柏、龙柏、云片柏、柏木、日本冷杉、日本五针松、日本花柏、日本扁柏、北美圆柏、广玉兰、女贞、柳杉、青冈栎、棕榈、桂花、石楠、蚊母、刺桂、珊瑚树、枇杷、油橄榄、金钱松、水杉、落羽杉、池杉、悬铃木、黄金树、楸树、梛树、光叶榉、白蜡、桑树、构树、刺槐、江南槐、国槐、龙爪槐、合欢、银杏、薄壳山核桃、枫杨、毛白杨、杜仲、柿树、垂柳、赤杨、板栗、麻栎、栓皮栎、朴树、槲树、槲栎、鹅掌楸、玉兰、二乔玉兰、皂荚、刺楸、青桐、毛泡桐、泡桐、七叶树、三角枫、鸡爪槭、红枫、枳椇、枫香、丝棉木、南酸枣、黄连木、复羽叶栾树、重阳木、乌桕、臭椿、紫叶李、沙梨、东京樱花、木瓜、海棠花、梅花、碧桃、日本晚樱	平头赤松、翠柏、铺地柏、鹿角柏、千头柏、线柏、火棘、海桐、枸骨、山茶花、茶梅、胡颓子、大叶黄杨、小叶黄杨、黄杨、迎春、夹竹桃、南天竹、十大功劳、阔叶十大功劳、凤尾兰、丝兰、小叶女贞、金叶女贞、小蜡、水蜡、金丝桃、桃叶珊瑚、洒金东瀛珊瑚、八角金盘、紫玉兰、星花玉兰、珍珠花、麻叶绣线菊、菱叶绣线菊、玫瑰、现代月季、郁李、麦梅花、平枝枸子、海州常山、紫叶李、垂丝海棠、贴梗海棠、棣棠、山檗、牡丹、溲疏、金钟花、紫珠、紫薇、蜡梅、紫荆、锦鸡儿、四照花、糯米条、海仙花、木本绣球、蝴蝶树、天目琼花、金银木、接骨木、无花果、结香、木槿、木芙蓉、云锦杜鹃、石榴、秋胡颓子、花椒、枸橘、醉鱼草、白鹃梅、雪柳、羽毛枫	狗牙根、假俭草、中华结缕草、日本结缕草、细叶结缕草、马尼拉结缕草、匍茎剪股颖、小糠草、紫羊茅、羊茅、双穗雀稗、宽叶麦冬、山麦冬、红花酢浆草、石蒜、石菖蒲、沿阶草、二月兰、吉祥草、鸢尾、忽地笑、玉簪、石竹、花叶蔓长春花
兰州、呼和浩特、银川、包头	温带草原区	青海云杉、鳞皮云杉、紫果云杉、鳞皮冷杉、青杆、油松、杜松、西安桧、白皮松、华山松、祁连圆柏、大果圆柏、塔枝圆柏、侧柏、箭杆杨、钻天杨、小叶杨、青甘杨、康定杨、银白杨、新疆杨、青杨、山杨、康定柳、旱柳、小叶朴、黑榆、春榆、欧洲白榆、榆、红桦、坚桦、白桦、辽东栎、栾树、核桃、青榨槭、马氏槭、刺槐、国槐、白蜡、山荆子、山杏、海棠果、沙枣、火炬树、臭椿、暴马丁香、文冠果、山桃、稠李、花红、甘肃山楂	香荚蓬、陕甘花楸、多腺悬钩子、水枸子、西北枸子、葡匐枸子、金露梅、银露梅、珍珠梅、黄刺玫、黄蔷薇、峨嵋蔷薇、榆叶梅、东陵绣球、毛樱桃、假稠李、蒙古绣线菊、细枝绣线菊、高山绣线菊、欧李、鸡麻、接骨木、藏花忍冬、鞑靼忍冬、紫枝忍冬、黄花忍冬、小叶忍冬、陇塞忍冬、锦带花、红瑞木、金银木、紫丁香、波斯丁香、羽叶丁香、毛叶丁香、连翘、雪柳、牡丹、荆条、猬实、宁夏枸杞、直穗刁檗、匙叶小檗、栓翅卫矛、紫花卫矛	野牛草、结缕草、草地早熟禾、早熟禾、林地早熟禾、加拿大早熟禾、羊茅、紫羊茅、苇状羊茅、匍茎剪股颖、小糠草、白颖苔草、糙缘苔草、异穗苔草、狭穗景天、马蔺、狼毒、东方草莓、歪头菜、金色补血草、白射干

省市	区划	乔木	灌木	草坪、地被
杭州、温州、宁波、武汉、南昌	北亚热带常绿落叶阔叶林区	常绿乔木：黑松、马尾松、赤松、湿地松、五针松、北美圆柏、日本冷杉、日本扁柏、柏木、侧柏、云片柏、日本花松、桧柏、龙柏、白皮松、罗汉松、雪松、柳杉、红豆杉、三尖杉、广玉兰、红茴香、木莲、厚皮香、桂花、女贞、香樟、浙江樟、檫木、红楠、紫楠、杜英、冬青、石楠、青桐栎、钩栗、苦槠、石栎、栲树、木荷、珊瑚树、杨梅、枇杷、大叶冬青、乐昌含笑、火力楠、深山含笑、浙江楠、华东楠、棕榈、蚊母。落叶乔木及小乔木：水杉、池杉、落叶杉、墨西哥落羽杉、金钱松、银杏、七叶树、鹅掌楸、玉兰、薄壳山核桃、麻栎、栓皮栎、白栎、板栗、槲栎、枫香、乌桕、栾树、全缘栾树、无患子、垂柳、大叶柳、水冬瓜、枫杨、悬铃木、重阳木、南酸枣、黄连木、八角枫、三角枫、鸡爪槭、红枫、羽扇槭、青榨槭、苦栎、川栎、榔榆、桑、柘、青桐、合欢、皂荚、枳椇、刺槐、国槐；龙爪槐、杜仲、榉树、朴树、珊瑚礁、油柿、喜树、刺楸、沙梨、东京樱花、杏、木瓜；紫叶、海棠花、梅花、日本晚樱、碧桃、四照花、瓶兰花	铺地柏、翠柏、鹿角柏、千头柏、线柏、粗榧、南天竹、海桐、夹竹桃、栀子花、十大功劳、阔叶大功劳、火棘、枸骨、红花油茶、油茶、山茶花、云南黄馨、含笑、瑞香、八角金盘、黄杨、桃叶珊瑚、洒金珊瑚、水蜡、小蜡、大叶黄杨、小叶女贞、金叶女贞、金丝桃、棣棠、垂丝海棠、贴梗海棠、笑靥花、珍珠花、麻叶绣线菊、菱叶绣线菊、现代月季、欧洲丁香、紫荆、腊梅、木芙蓉、木槿、糯米条、石榴、毛白杜鹃、云锦杜鹃、牡丹、木本绣球、蝴蝶树、金银木、无花果、结香、花椒、枸橘、醉鱼草、紫薇、溲疏、紫叶小檗、山梅花、海仙花、羽毛枫、紫玉兰	狗牙根、假俭草、结缕草、细叶结缕草、中华结缕草、马尼拉结缕草、匍茎剪股颖、小糠草、紫羊茅、双穗雀稗、山麦冬、宽叶麦冬、沿阶草、石菖蒲、蝴蝶花、马蹄金、花叶蔓常春花、葱兰、韭兰、水仙、石蒜、鹿葱、忽地笑、车前草、红花酢浆草、换锦花、雪滴花、大吴风草、二月兰、马蹄金

续表

省市	区划	乔木	灌木	草坪、地被
广州、福州、厦门	南亚热带常绿阔叶林区	南洋杉、湿地松、杉木、加勒比松、桧柏、龙柏、侧柏、柏木、福建柏、罗汉松、柳杉、竹柏、长叶竹柏、香榧、三尖杉、印度橡胶榕、高山榕、小叶榕、大果榕、垂叶榕、黄葛榕、菩提树、木麻黄、白兰、广玉兰、厚朴、阴香、香樟、肉桂、苦梓、海南红豆、台湾相思、铁刀木、红花羊蹄甲、羊蹄甲、洋紫荆、扁桃、芒果、蒲桃、人心果、柠檬桉、窿缘桉、大叶桉、蓝桉、白千层、蝴蝶果、木波罗、樟叶槭、苦槠、青桐栎、石栗、银桦、杜英、黄槿、铁冬青、女贞、桂花、枇杷、南洋楹、桃花心木、大叶桃花心木、假萍婆、中国无忧花、番荔枝、龙眼、人面子、火力楠、花榈木、水翁、水石榕、油梨、盆架子、棕榈、假槟榔、蒲葵、鱼尾葵、皇后葵、大王椰子、董棕、老人葵、桃榔、槟榔、长叶刺葵、榄仁、水松、池杉、落羽杉、鹅掌楸、白玉兰、青桐、大花紫薇、木棉、凤凰木、洋金风、蓝花楹、黄槐、苦楝、麻楝、刺桐、板栗、麻栎、栓皮栎、朴树、梅榆、白栎、喜树、合欢、金合欢、刺楸、枫香、垂柳、二乔玉兰、水冬瓜、乌桕、枳棋、沙梨、无患子、全缘栾树、鸡蛋花、紫叶李、碧桃、梅、木瓜	苏铁、粗榧、米仔兰、四季米仔兰、九里香、红背桂、鹰爪花、山茶花、油茶、大叶茶、夹竹桃、黄花夹竹桃、小花黄蝉、六月雪、软枝黄蝉、小叶驳骨丹、朱蕉、变叶木、红桑、金边桑、金叶榕、光叶决明、马银花、紫金牛、含笑、海桐、十大功劳、南天竹、八角金盘、夜合、扶桑、吊灯花、红千层、福建茶、假连翘、栀子花、虎刺梅、一品红、云南黄馨、桃叶珊瑚、枸骨、洋杜鹃、映山红、风尾兰、丝兰、华南黄杨、大叶黄杨、密花胡颓子、茶梅、华南珊瑚树、洒金珊瑚、金丝桃、三药槟榔、敌尾葵、琼棕、轴榈、软叶刺葵、短穗鱼尾葵、矮棕竹、筋头竹、木芙蓉、木槿、紫荆、郁李、笑靥花、珍珠花、麻叶绣线菊、菱叶绣线菊、现代月季、糯米条、石榴、紫竹、紫玉兰、胡枝子、金银木、木本绣球、蝴蝶树、接骨木、无花果、花椒、枸橘、醉鱼草、小蜡	沿阶草、大叶仙茅、白蝴蝶、蝴蝶花、红花酢浆草、黑眼花、山麦冬、吉祥草、一叶兰

省市	区划	乔木	灌木	草坪、地被
海口、三亚、澳门、珠海、南宁、北海	热带雨林及季雨林区	蝴蝶果、火焰木、观光木、海南五叶松、罗汉松、竹柏、南洋松、异叶南洋松、侧柏、龙柏、北美圆柏、木莲、红花木莲、腰果、酸豆树、大叶桃花木、血桐、白兰、黄兰、乐昌含笑、香樟、阴香、阳桃、白千层、木荷、青皮、乌墨、木波罗、蒲桃、芒果、扁桃、橄榄、柠檬桉、银桦、杜英、水石榕、假萍婆、萍婆、铁刀木、大花五桠果、台湾相思、马占相思、南洋楹、洋紫荆、中国无忧花、海南红豆、木麻黄、高山榕、大叶榕、大果椿、垂叶榕、桂木、铁冬青、桃花心木、龙眼、荔枝、石栗、秋枫、人面子、鹅掌柴、人心果、羊蹄甲、红花羊蹄甲、桂花、黑板树、海南菜豆树、柚木、黄槿、假槟榔、槟榔、鱼尾葵、董棕、椰子、酒瓶椰、三角椰子、王棕、油棕、长叶刺葵、皇后葵、丝葵、红刺露兜树、水杉、池杉、落羽杉、玉兰、二乔玉兰、火花紫薇、鱼木、榄仁、梧桐、爪哇木棉、美丽异木棉、木棉、海红豆、楹树、阔叶合欢、黄槐决明、腊肠树、凤凰木、刺桐、紫檀、枫香、垂柳、朴树、榔榆、菩提树、麻栎、非洲栎、复羽叶栾树、无忠子、红枫、岭南酸枣、喜树、蓝花楹、三角枫、紫叶李、碧桃	野牡丹、金丝桃、扶桑千头柏、苏铁、夜合花、含笑、鹰爪花、南天竹、金栗兰、海桐、油茶、山茶花、红千层、桃金娘、吊灯扶桑、金英、红桑、变叶木、肖黄栌、铁海棠、一品红、红背桂、火棘、石斑木、华南黄杨、棱果蒲桃、密花胡颓子、九里香、米仔兰、八角金盘、鹅掌藤、云南黄馨、茉莉、夹竹桃、黄花夹竹桃、大花栀子、希茉莉、龙船花、红叶金花、六月雪、珊瑚树、福建茶、夜香树、驳骨丹、黄钟花、小蜡(山指甲)、荷包花、假连翘、马缨丹、红花檵木、构骨、锦绣杜鹃、朱蕉、龙血树、凤尾兰、散尾葵、短穗鱼尾葵、美丽针葵、棕竹、矮棕竹、琼棕、三药槟榔、轴榈、紫薇、石榴、木芙蓉、木槿、木本绣球、现代月季、金凤花、双荚决明	马尼拉结缕草、彩叶草、蚌花、地毯草、狗牙根、假俭草、双穗雀稗、细叶结缕草、中华结缕草、紫鸭趾草、吊竹梅、白蝴蝶、人花美人蕉、蟛蜞菊、蜘蛛兰、文殊兰、万年青、仙茅、土麦冬、阔叶麦冬、忽地笑、石蒜、葱兰、梅叶

续表

省市	区划	乔木	灌木	草坪、地被
乌鲁木齐、青海省	温带荒漠区	旱柳、榆树、圆冠榆、欧洲大叶榆、春榆、黄檗、桑、樟子松、西伯利亚杉、雪岭云杉、西伯利亚刺柏、胡杨、钻天杨、箭杆杨、新疆杨、黑杨、灰杨、银白杨、青杨、白柳、文冠果、水曲柳、美白蜡、小叶白蜡、夏橡、三刺皂荚、刺槐、国槐、紫椴、心叶椴、茶条槭、复叶槭、五角枫、平基槭、沙枣、山荆子、暴马丁香、西洋梨、新疆梨、新疆野苹果、海棠果、山楂、新疆桃、巴旦杏、毛樱李、天山花楸	紫丁香、珍珠梅、榆叶梅、欧亚绣球菊、山梅花、沙地柏、高山桧、新疆方枝柏、沙冬青、鞑靼忍冬、金银木、细叶小檗、刺檗、西伯利亚小檗、太平花、连翘、沙棘、胡枝子、金雀儿、新疆锦鸡儿、金露梅、毛叶欧李、多花枸子、大果枸子、玫瑰、新疆蔷薇、黄蔷薇、罗布麻、黄刺玫、柽柳、细穗柽柳、密花柽柳、长穗柽柳、多花柽柳	新疆百脉根、细叶百脉根、草地早熟禾、林地早熟禾、加拿大早熟禾、细叶早熟禾、无芒雀麦、紫羊茅、羊茅、韦状羊茅、匍茎剪股颖、白颖苔草、异穗苔草、紫花苜蓿、白三叶、红花三叶草、黄芩、广布野豌豆、草原老鹳草、石竹、瞿麦、番红花、小鸢尾、马蔺

注：参考国家建筑标准设计图集《环境景观——绿化种植设计》及其他资料。

附录2：常用造景树一览表

名称	科别	树形	特征
南洋杉	南洋杉科	圆锥形	常绿针叶树，阳性，喜暖热气候，不耐寒，喜肥，生长快，树冠狭圆锥形，姿态优美
油松	松科	伞形	常绿乔木，强阳性，耐寒，耐干旱瘠薄土壤，不耐盐碱，深根，寿命长，易受松毛虫害，树形优美，挺拔苍劲
雪松	松科	尖塔形	常绿大乔木，树姿雄伟
罗汉松	罗汉松科	圆锥形	常绿乔木，风姿朴雅，可修剪为高级盆景素材，或整形为圆形、锥形、层状，以供庭院造景美化用
侧柏	柏科	尖塔形	常绿乔木，幼时树形整齐，老时多弯曲，生长强，寿命久，树姿美
桧柏	柏科	圆锥形	常绿中乔木，树枝密生，深绿色，生长强健，宜修剪，树姿美
龙柏	柏科	塔形	常绿中乔木，树枝密生，深绿色，生长强健，寿命久，树姿美
马尾松	松科	圆锥形	常绿乔木，干皮红褐色，冬芽褐色，大树姿态雄伟，叶2针一束
金钱松	松科	塔形	常绿乔木，叶色黄绿，树姿刚劲挺拔
白皮松	松科	宽塔形至伞形	常绿乔木，叶3针一束，喜光，喜凉爽气候，不耐湿热，耐干旱，不耐积水和盐土，树姿优美，树干斑驳，苍劲奇特
黑松	松科	圆锥形	常绿乔木，树皮灰褐色，小枝橘黄色，叶2针一束，寿命长
五针松	松科	圆锥形	常绿乔木，叶5针一束，耐修剪
水杉	杉科	圆锥形	落叶乔木，植株巨大，枝叶繁茂，小枝下垂，叶条状，色多变，适合于集中成片造林或丛植
苏铁	苏铁科	伞形	常绿乔木，性强健，树姿优美，四季常青，低维护，用于盆栽，花坛栽植，可作主木或添景树
银杏	银杏科	圆锥形	落叶乔木，秋叶黄色，适作庭荫树、行道树
垂柳	杨柳科	垂枝形	落叶乔木，适于低湿地，生长繁茂而迅速，树姿美观
龙爪柳	杨柳科	龙枝形	落叶乔木，枝条扭曲如游龙，适作庭荫树、观赏树
槐树	豆科	圆形	落叶乔木，枝条繁茂，树冠宽广，适作庭荫树、行道树
龙爪槐	豆科	伞形	落叶乔木，枝条下垂，适于庭院观赏、对植或列植
黄槐	豆科	圆形	落叶乔木，偶数羽状复叶，花黄色，树姿美丽
榔榆	榆科	伞形	落叶乔木，喜温暖湿润气候，耐干旱瘠薄，深根性，速生，寿命长，抗烟尘毒气，滞尘能力强
梓树	紫葳科	卵形	落叶乔木，适生于温带地区，抗污染，花黄白色，5月~6月开花，适作庭荫树、行道树
广玉兰	木兰科	卵圆形	常绿乔木，花大白色清香，树形优美
白玉兰	木兰科	卵形	落叶乔木，颇耐寒，怕积水，花大洁白，3月~4月开花

续表

名称	科别	树形	特征
枫杨	胡桃科	伞形	落叶乔木，适应性强，耐水湿，速生，适作庭荫树、行道树、护岸树
鹅掌楸	木兰科	圆锥形	落叶乔木，喜温暖湿润气候，抗性较强，肥沃的酸性土，生长迅速，寿命长，叶形似马褂，花黄绿色，大而美丽
凤凰木	苏木科	伞形	落叶乔木，阳性，喜暖热气候，不耐寒，速生，抗污染，抗风，花红色美丽，花期5月~8月
相思树	豆科	伞形	常绿乔木，树皮幼时平滑，老时粗糙，干多弯曲，生长力强
乌桕	大戟科	圆球形	落叶乔木，树性强健，落叶前红叶似枫，重要的秋季观叶植物
悬铃木	悬铃木科	卵圆形	落叶乔木，喜温暖，抗污染，耐修剪，冠大浓荫，适作行道树和庭荫树
樟树	樟科	卵圆形	常绿乔木，叶互生，三出脉，有香气，浆果球形，树皮有纵裂，生长快，寿命长，树姿美观
榕树	桑科	圆形	常绿乔木，干及枝有气根，叶倒卵形平滑，生长迅速
珊瑚树	忍冬科	卵形	常绿灌木或小乔木，6月开白花，9月~10月结红果，适作绿篱和庭院观赏
石榴	石榴科	伞形	落叶灌木或小乔木，耐寒，适应性强，5月~6月开花，花红色，果红色，适于庭院观赏
石楠	蔷薇科	卵形	常绿灌木或小乔木，喜温暖，耐干旱瘠薄，嫩叶红色，秋冬红果，适于丛植和庭院观赏
构树	桑科	伞形	常绿乔木，叶巨大柔薄，枝条四散
复叶槭	槭树科	伞形	落叶阔叶树，喜肥沃土壤及凉爽湿润气候，耐烟尘，耐干冷，耐轻盐碱，耐修剪，秋叶黄色
鸡爪槭	槭树科	伞形	叶形秀丽，秋叶红色，适于庭院观赏和盆栽
合欢	豆科	伞形	落叶乔木，花粉红色，花期6月~7月，适作庭荫观赏树、行道树
红叶李	蔷薇科	圆形	落叶小乔木，小枝光滑，红褐色，叶卵形，全紫红色，4月开淡粉红色花，核果紫色，孤植群植，衬托背景
楝树	楝科	伞形	落叶乔木，树皮灰褐色，二回奇数羽状复叶，花紫色，生长迅速
重阳木	大戟科	伞形	常绿乔木，幼叶发芽时，十分美观，生长强健，树姿美
大王椰子	棕榈科	棕椰形	单干直立，高可达18m，中央部稍肥大，羽状复叶，生命力强，观赏价值大
华盛顿棕榈	棕榈科	棕椰形	单干圆柱状，基部肥大，高达4~8m，叶身扁状圆形，生长强健，树姿美
海枣	棕榈科	棕椰形	高达20~25m，叶灰白色带弓形弯曲，生长强健，树姿美

续表

名称	科别	树形	特征
酒瓶椰子	棕榈科	棕椰形	干高3m左右，基部椭圆肥大，形呈酒瓶，姿态美丽
蒲葵	棕榈科	棕椰形	干直立，高达6~12m，叶圆形，叶柄边缘有刺，生长繁茂，姿态雅致
棕榈	棕榈科	棕椰形	干直立，高达8~15m，叶圆形，叶柄长，耐低温，生长强健，姿态美
棕竹	棕榈科	棕椰形	干细长，高1~5m，丛生，生长力旺盛，树姿美

常用苗木数据库

华北苗木数据库

华东苗木数据库

华中苗木数据库

参考文献

[1] 祝遵凌. 园林植物景观设计 [M]. 北京：中国林业出版社，2012.

[2] 陈祺，李景侠，王青宁. 植物景观工程图解与施工 [M]. 北京：化学工业出版社，2012.

[3] 廖飞勇，覃事妮，王淑芬. 植物景观设计 [M]. 北京：化学工业出版社，2012.

[4] 卢圣. 园林植物造景与实例 [M]. 北京：化学工业出版社，2011.

[5] 臧德奎. 园林植物造景 [M]. 北京：中国林业出版社，2010.

[6] 芦建国. 种植设计 [M]. 北京：中国建筑工业出版社，2011.

[7] 黄金凤，李玉舒. 园林植物 [M]. 北京：中国水利水电出版社，2012.

[8] 贾建中. 城市绿地规划设计 [M]. 北京：中国林业出版社，2006.

[9] 陈其兵. 风景园林植物造景 [M]. 重庆：重庆大学出版社，2012.

[10] 刘荣凤. 园林植物景观设计与应用 [M]. 北京：中国电力出版社，2012.

[11] 何平，彭重华. 城市绿地植物配置及造景 [M]. 北京：中国林业出版社，2001.

[12] 刘少宗. 景观设计综论——园林植物造景 [M]. 天津：天津大学出版社，2003.

[13] 张吉祥. 园林植物种植设计 [M]. 北京：中国建筑工业出版社，2001.

[14] 陈行，邹志荣，段战锋. 别墅居住区的种植设计 [J]. 安徽农业科学，2009，37(14).

[15] 曹洪虎，刘承珊. 海城郊别墅庭园绿化的植物配置初探 [J]. 上海农业学报，2006，22(1).

[16] 苏雪痕. 植物造景 [M]. 北京：中国林业出版社，1994.

[17] 黄清俊. 居住区植物景观设计 [M]. 北京：化学工业出版社，2011.

[18] 宋钰红，杜强. 别墅区植物景观设计 [M]. 北京：化学工业出版社，2011.

[19] 金煜. 园林植物景观设计 [M]. 辽宁：辽宁科学技术出版社，2008.

[20] 理查德·K·奥斯汀(美). 植物景观设计元素 [M]. 北京：中国建筑工业出版社，2005.

[21] 陈少亭. 植物景观艺术设计 [M]. 北京：中国建筑工业出版社，2005.

[22] 朱钧珍. 中国园林植物景观艺术 [M]. 北京：中国建筑工业出版社，2003.

[23] 白艳萍，徐敏，王伟. 景观规划设计 [M]. 北京：中国电力出版社，2010.